AF610303

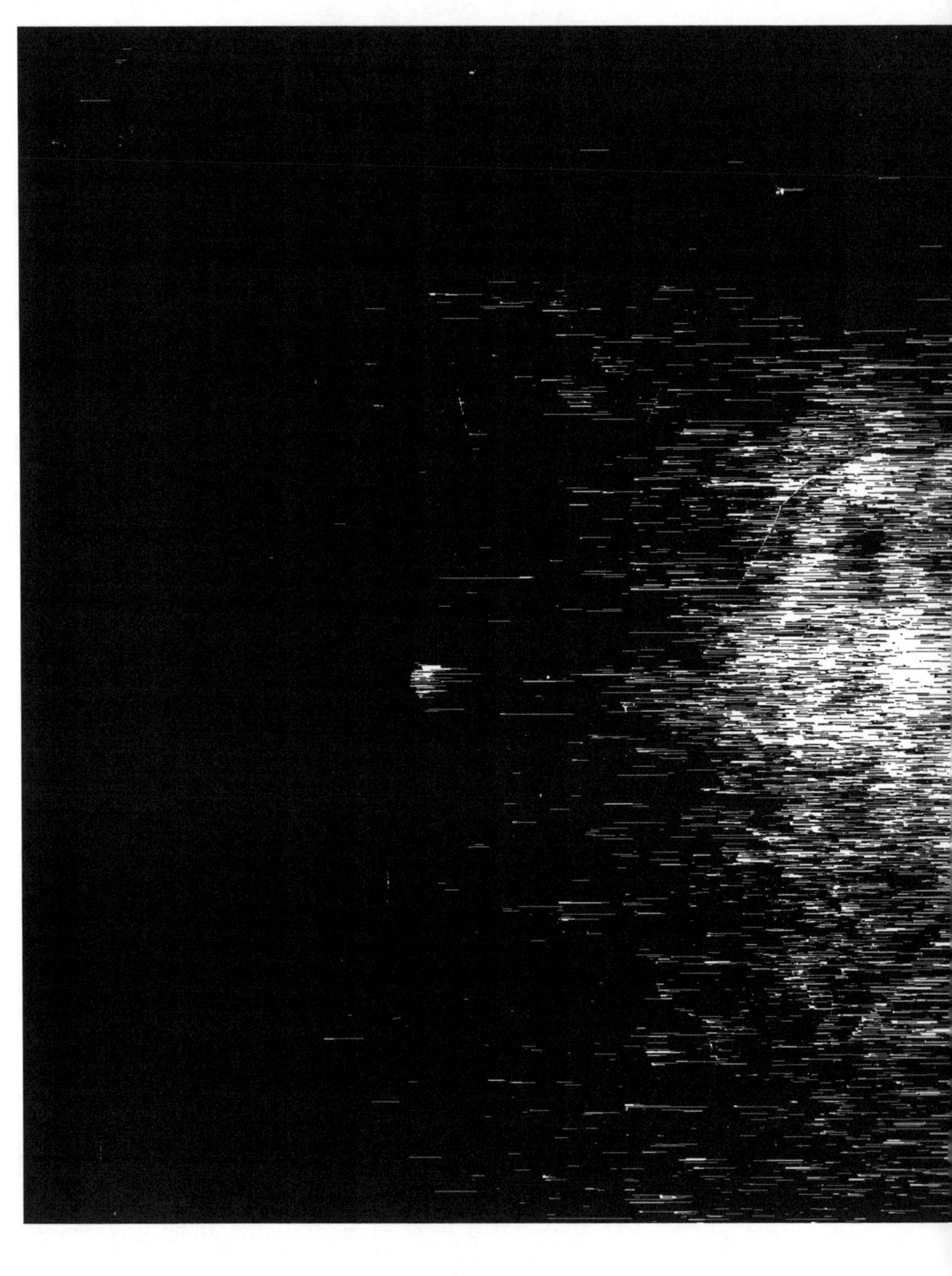

CANAL MARITIME DE PARIS AU HAVRE.

OBSERVATIONS

SUR

UN MÉMOIRE DE M. PATTU,

INGENIEUR EN CHEF DU DÉPARTEMENT DU CALVADOS,

Ayant pour titre :

DÉVELOPPEMENS DES BASES D'UN PROJET DE BARRAGE-DÉVERSOIR MARITIME;

Par M. A. E. Lamblardie,

Ingénieur en chef des Ponts-et-chaussées, Directeur des Travaux maritimes.

PARIS.

IMPRIMÉ CHEZ PAUL RENOUARD,

RUE GARENCIÈRE, N° 5.

1826.

EXPOSÉ.

Les progrès que l'industrie et l'esprit d'association font en France donnent aux travaux d'utilité publique une impulsion dont on n'avait point eu d'exemple avant l'époque où nous vivons; et font naître, chaque jour, des projets que la seule considération des dépenses eût fait regarder comme chimériques quelques années plus tôt.

L'idée de rendre la Seine navigable pour les grands navires du commerce et même pour les bâtimens de guerre, depuis Paris jusqu'à la mer, est, parmi les conceptions de ce genre, une de celles qui fixent le plus l'attention publique en ce moment; mais, quelque séduisans que puissent paraître les résultats qu'on se promet d'une pareille entreprise, quel que soit le mérite des personnes qui en ont eu l'idée et qui la préconisent, elle n'en doit pas moins être l'objet de la plus scrupuleuse investigation; tant sous le rapport des conséquences qu'elle pourrait avoir pour les intérêts des particuliers qui consacreraient leurs capitaux à son exécution, que sous celui de l'influence que les travaux auxquels elle donnera lieu, aurait sur l'état actuel des choses.

Jamais, en effet, questions d'une plus haute importance n'ont peut-être été soumises aux méditations des spéculateurs, des ingénieurs et des hommes d'Etat. Napoléon disait que Paris, Rouen et le Hâvre ne formaient qu'une même ville, dont la Seine était la rue principale; mais il ne s'occupa cependant pas de l'amélioration de la navigation de ce fleuve; et c'est postérieurement à son époque, et depuis la restauration, qu'un grand nombre de faits attestent qu'elle fut constamment l'objet de la sollicitude du gouvernement et des vœux des particuliers.

Nous citerons à cet égard:

D'abord, le projet d'un canal latéral entre le Hâvre-de-Grâce et Villequier, qui remporta le prix proposé par l'Académie de Rouen, en 1783 (1); celui d'un autre canal latéral sur la rive gauche, présenté quelques années plus tard par feu M. le baron Cachin, alors ingénieur des travaux du port d'Honfleur; enfin la grande reconnaissance de la Seine, faite, en l'an IV (1796), par MM. Forfait et Sganzin (2), sur un lougre de guerre qui remonta ce fleuve depuis le Hâvre jusqu'à Paris.

Et ensuite, les travaux auxquels se sont livrés, depuis quelques années, les ingénieurs des départemens que traverse la Seine depuis Paris jusqu'au Hâvre, sous la direction de M. Bérigny, inspecteur-divisionnaire des ponts-et-chaussées,

---

(1) Ce projet est de feu M. De Lamblardie, ingénieur des ponts-et-chaussées qui a été long-temps chargé de la direction des travaux du Hâvre.

(2) Feu M. Forfait était à cette époque ingénieur des constructions navales. M. Sganzin actuellement inspecteur général des travaux maritimes était alors ingénieur en chef des ponts-et-chaussées.

par ordre du magistrat auquel la France doit l'immense impulsion qu'a reçue le perfectionnement de sa navigation intérieure ; l'intéressant Mémoire que M. Bérigny a publié à ce sujet ; les écrits des soumissionnaires du canal maritime du Hâvre à Paris ; le mémoire dans lequel M. Pattu, ingénieur en chef des ponts-et-chaussées, attaché à cette compagnie, fait connaître son projet de barrage-déversoir à l'embouchure de la Seine; celui de M. Charles Comte sur la garantie des capitaux ; et, enfin, celui plus récemment publié par M. Navier, ingénieur en chef des ponts-et-chaussées, membre de l'Institut, sur le projet d'établir un chemin en fer entre Paris et le Hâvre.

Ces divers écrits prouvent l'importance que l'on attache à cette grande entreprise, et peuvent donner une idée de son étendue, des diverses hypothèses suivant lesquelles on peut la concevoir, des dépenses qu'il faudrait faire, et des résultats qu'on pourrait espérer.

L'examen de l'ensemble des questions qu'on y traite, soit qu'on les envisage sous le rapport de l'art, soit sous celui de l'économie publique, est une tâche au-dessus de nos forces. Chacune d'elles exige, en effet, une étude approfondie, peut-être même un traité complet sur la matière à laquelle elle se rattache, et, en un mot, une masse de connaissances spéciales qu'un seul homme peut difficilement embrasser ; mais, héritier d'un nom qui a acquis une juste célébrité dans le corps des ponts-et-chaussées, ayant nous-même l'honneur d'appartenir à ce corps, et étant, depuis un assez grand nombre d'années, attaché au service des travaux maritimes, nous croirions manquer à notre devoir, comme fils, comme ingénieur et comme citoyen, si nous n'apportions pas le tribut de nos connaissances dans l'examen de celles de ces questions qui ont un rapport direct avec le sujet principal de nos études; et le barrage-déversoir maritime que M. Pattu propose de construire à l'embouchure de la Seine a dû être naturellement l'objet de nos méditations.

Cet ouvrage ne peut être rangé parmi des travaux ordinaires; les avantages que M. Pattu se promet de son exécution peuvent d'autant plus séduire, au premier aperçu, que les talens reconnus de l'auteur sont d'un grand poids en faveur de son opinion; mais, si l'on considère cependant qu'il s'agit ici d'un travail dont les difficultés sont de nature à effrayer les plus habiles; si l'on considère que les conséquences de cette construction, quel que soit le succès de son exécution, seraient peut-être la perte de la navigation de la Seine, et qu'elle entraînerait infailliblement la ruine des ports et des rades situés à l'embouchure de ce fleuve, on concevra que cette partie du projet du canal maritime mérite à elle seule de fixer éminemment l'attention des personnes qui seront appelées à donner leur avis sur cette vaste entreprise.

CHAPITRE PREMIER.

Des phénomènes que l'on observe à l'embouchure de la Seine. Extrait des Mémoires de Lamblardie sur les côtes de la Haute-Normandie et sur le port du Hâvre, à ce sujet.

Les principaux phénomènes que l'on observe à l'embouchure de la Seine sont dus à celui des marées.

Le premier est la Barre ou Mascaret, dont les effets désastreux sont trop bien connus pour qu'il soit besoin de les rappeler ici.

Le second est celui de l'exhaussement et de l'abaissement alternatifs du niveau des eaux, qui se fait sentir quatre fois par 24 heures, depuis l'embouchure jusqu'au Pont de l'Arche, c'est-à-dire sur une longueur d'environ 40 lieues.

Les dépôts que forment les alluvions de la partie inférieure de ce fleuve, lesquelles ont produit, depuis Villequier jusqu'au-delà du Hâvre-de-Grâce et de la rivière de Touques, une suite de bancs, soit fixes, soit changeans, qui sont le principal obstacle que la navigation éprouve entre le Hâvre et Rouen, sont le troisième de ces phénomènes.

Le quatrième enfin est la propriété qu'ont le port du Hâvre et plusieurs autres points de la Baie, de conserver le niveau de la pleine mer à peu près stationnaire pendant un temps plus ou moins long.

Plusieurs autres phénomènes dérivent de ceux-ci ou d'autres causes; mais nous n'indiquerons ici que ceux qui ont un rapport direct avec notre sujet. Le régime des marées, par exemple, soit à l'embouchure du fleuve, soit dans la partie supérieure, a donné lieu à des observations importantes et à des théories que l'expérience a plus ou moins confirmées. Lamblardie, dans les divers mémoires qu'ils a écrits sur cette matière, a fait connaître celles de ces observations qui se rapportent à l'embouchure et à la marche des alluvions qui s'y déposent; et l'on doit espérer que les ingénieurs distingués qui se sont récemment occupés de cet objet, publieront un jour celles non moins intéressantes qu'ils viennent de faire sur ce qui se passe à cet égard entre le Hâvre et le Pont-de-l'Arche.

Voici ce que Lamblardie dit du régime des courans dans la Baie de Seine, dans le mémoire qu'il a publié sur les côtes de la Haute-Normandie, pages 8 et suivantes :

« 3. Lorsque la mer monte dans la Manche, elle est sujette à différens courans relatifs aux gisemens de la côte et aux baies qu'elle remplit. Parmi ces courans il en faut distinguer un que nous nommerons *courant principal*; c'est celui du large qui suit le milieu du canal, et auquel est soumise la plus grande partie de la marée montante. »

« Vis-à-vis chaque baie, il se détache du courant principal une masse d'eau proportionnelle au vide de cette baie. Il se forme alors un nouveau courant dont la vitesse et la direction tiennent 1° de la vitesse et de la direction du courant principal, 2° de la vitesse et de la direction dues à la pente qui sollicite la mer à se porter par le chemin le plus court dans la baie. Ce nouveau courant ne tend donc point perpendiculairement vers le vide à remplir; il décrit une ligne oblique, et vient frapper la côte au-delà de l'embouchure de la baie, dans laquelle la mer entre par conséquent du côté opposé à celui d'où vient la marée montante. »

« Le point de la côte où le courant vient frapper, et la ligne qui sépare ce courant du courant principal, sont d'autant plus éloignés de l'embouchure de la baie, que le vide de cette baie et la pente du courant qui tend à la remplir, sont plus considérables. »

« Appliquons ces principes à la formation du cap d'Antifer. Lorsque la marée montante a doublé le cap de Barfleur, elle dépasse l'embouchure de la Seine, qui forme une baie très vaste. La masse d'eau qui se détache du courant principal pour remplir cette baie, suit la résultante des deux forces qui la sollicitent. La première est le mouvement que cette masse d'eau avait acquis avant d'être séparée du courant principal; la seconde tient de la pente qui l'entraîne vers l'embouchure de la Seine, au nord de laquelle la direction de cette résultante vient rencontrer la côte dans un point quelconque. »

« La ligne de séparation de ce courant d'avec le courant principal, vient aussi joindre la côte dans un point un peu plus nord que le précédent. Il doit y avoir division de forces à ce point de séparation, la marée s'y divisant naturellement pour courir en deux sens contraires. Ce point doit donc être celui de la côte contre lequel il se fait le moins d'efforts; il doit donc être le moins détruit, et former un angle saillant; c'est le cap d'Antifer. »

« La même ligne de séparation est le sommet d'un plan incliné que forme la surface supérieure de la marée montante qui coule vers l'embouchure de la Seine. Cette pente existe encore lorsque la vitesse du courant principal est zéro, c'est-à-dire quand la mer est pleine au large, où, passé ce moment, elle doit avoir baissé pendant quelque temps, pour que le Jusant commence à l'embouchure de la Seine. C'est là une des causes pour lesquelles le port du Hâvre garde son plein pendant un temps dont la durée est encore accrue par l'effet de la marée baissante, dont le courant, en se portant sur la côte de la Hougue, occasione, vers l'embouchure de la Seine, un remous qui empêche la rivière de descendre. »

« 4. On peut encore déduire des principes ci-dessus : 1° qu'un courant qui remplit un port, y entre toujours par le côté opposé à celui d'où vient la marée montante; ce courant prend dans plusieurs endroits le nom de *verhaule*, et la ligne qui sépare les deux courans s'appelle *lime* ou *rondaine*; 2° que du côté opposé à celui d'où vient la marée montante, il doit se former sur la côte, au point de séparation des deux courans, un petit cap dont la distance à l'entrée du port est d'autant plus grande, que la quantité d'eau qui se porte vers le port est plus considérable; 3°. que la mer monte moins haut dans l'intérieur d'un port, qu'au large, où le courant principal a lieu, et que la différence des hauteurs est en raison de la distance du courant principal à l'entrée du port; 4° enfin, qu'il doit monter moins d'eau au Hâvre que dans les autres ports de la Manche compris entre la Seine et la Somme. (1) »

Voici encore des détails intéressans sur le même sujet, contenus dans un autre mémoire du même auteur, rédigé en 1791, et ayant pour titre : *Nouvelles considérations sur le port du Hâvre, relativement aux difficultés qui se sont élevées sur la disposition du projet général adopté en* 1787.

« 1. La masse des eaux qui entre à marée montante dans l'embouchure de la Seine, se sépare de celle qui va remplir les autres ports de la Manche, dans une ligne de partage tirée du cap de Barfleur en allant à-peu-près vers celui d'Antifer, et de là se jette avec force sur la partie de la côte comprise entre Antifer et le cap de la Hève. »

« C'est à partir de ce cap que s'établit un courant rapide qui se porte dans la Seine, en passant entre la terre et le banc d'Anfar, après avoir doublé la tête de la jetée du nord-ouest du port du Hâvre. »

« 2. Depuis Antifer jusqu'à la Hève, la côte court du nord-est au sud-sud-ouest, tandis que l'entrée de la Seine est à très peu près ouest et est. Ces deux directions forment donc un angle aigu d'environ

(1) Cette différence est de 6 à 7 pieds environ.

67° 30′; le courant qui a parcouru la première ne peut suivre brusquement, et pour ainsi dire en rebroussant la seconde; soumis aux lois physiques de la nature, il est obligé de raccorder, si on peut le dire ainsi, ces deux directions par un mouvement curviligne, qu'il ne peut prendre qu'en suivant un circuit d'une grandeur proportionnée à la masse et à la vitesse des eaux qui entrent dans la baie pour la remplir. »

« Le bord concave du courant qu'on nomme vulgairement *lime* (*a*) est aussi la limite des dépôts ou pouliers qui se forment de ce côté. »

« 3. En effet, lorsqu'un obstacle quelconque change la direction d'un courant parallèle à la plage, il se forme nécessairement dans l'espace curviligne qu'il laisse vers sa concavité, entre lui et le bord de la plage, un contrecourant nommé *verhaule*, lequel rapporte et dépose des alluvions qui exhaussent le fond jusqu'à ce que les dépôts soient en équilibre avec la force de ce contrecourant. »

« 4. Si, par la nature de ces dépôts et de ceux que d'autres causes physiques pourraient accumuler dans l'emplacement où s'établit la verhaule, tout l'espace curviligne pouvait se combler et s'élever jusqu'au niveau des hautes marées, de manière que le bord ou la limite de la plage vînt répondre à la limite du courant, alors il n'y aurait plus de verhaule. »

« 5. Si la limite de la plage répondait, ainsi qu'on vient de le supposer, à la limite du courant, et qu'il restât néanmoins dans l'espace curviligne désigné ci-dessus un vide à remplir par la marée montante, il n'y aurait plus à la vérité de verhaule proprement dite, mais il se détacherait du courant principal un courant secondaire qui remplirait ce vide, et qui aurait la même direction et produirait les mêmes effets que le contrecourant de la verhaule. »

« 6. La différence de ce courant secondaire à celui de la verhaule consiste en ce que les eaux de celle-ci viennent continuellement se

(*a*) Du mot latin : *Limes* limite.

verser dans le courant principal, tandis que celles du premier s'en éloignent.

. . . .

« 8. Le courant secondaire et celui de la verhaule peuvent avoir lieu dans le même endroit. Ils se confondent jusqu'à l'entrée ou vide à remplir : là ils se séparent, et alors on les distingue aisément par la direction de leur mouvement réciproque que l'on vient d'indiquer. »

. . . .

. . . .

« 11. Le courant principal qui va dans une direction, et celui de la verhaule qui en suit parallèlement une autre opposée, ne se touchent point immédiatement; ils sont séparés par ce qu'on appelle une *molle eau*, qui n'a pour ainsi dire point de mouvement, cette stagnation favorise les dépôts dans cet endroit. Aussi le fond est-il plus exhaussé dans la partie correspondante à la bande d'eau stagnante qui forme la limite du courant principal et de la verhaule, qu'il ne l'est du côté de la terre dans la partie où s'établit ce contrecourant. »

« 12. Tout cap ou pointe saillante qui dérange la direction du courant de la marée montante, produit les effets indiqués ci-dessus (2 et 3); mais lorsqu'après le changement de la direction d'un courant, la plage n'aura pas encore acquis la courbure que prend ce courant, tout ouvrage, comme un épi ou une jetée, construit sur le bord de la plage, en allant vers le large, ne changera rien dans la direction du courant principal, tant que la tête de l'ouvrage ne dépassera point la limite concave du courant. »

« 13. Et réciproquement, lorsqu'une pointe ou un ouvrage saillant, établi sur le bord d'une plage, dérangera la direction naturelle du courant, il en résultera que l'extrémité de la pointe ou la tête de l'ouvrage sera au-delà de la limite intérieure du courant, et par conséquent au-delà du prolongement possible des plages formées par les alluvions qu'apportent les courans. »

« 14. Ainsi, lorsqu'une tête de jetée, par exemple, est avancée jusqu'à la limite ou au-delà du courant principal, elle ne peut être dépassée par le prolongement de la plage, quand ce prolongement ne peut être formé que par des alluvions que les courans peuvent y apporter. »

« 15. Mais il n'en est pas de même lorsque ces alluvions, tels que le galet, par exemple, sont de nature à n'être mues que par le choc réitéré des vagues ; elles s'accumulent en talus le long des faces collatérales des jetées, des épis, les contournent, les dépassent, et forment quelquefois à leur tête un poulier passager et peu prolongé qui ne peut être enlevé par le courant principal, quoique la tête de la jetée se trouve établie sur le courant. »

« 16. Souvent même ces alluvions, par leur aggrégation successive forment des pointes avancées, qui non-seulement parviennent jusqu'au courant principal, mais encore le contraignent de s'éloigner en le poussant au large. »

. . . . »

« 20. Il est facile, d'après ce qui vient d'être dit, de se rendre raison des courans et contre-courans qui ont lieu aux abords du Port du Hâvre, ainsi que des mouillages et de l'alongement des plages. »

« 21. Le banc de l'Eclat est la dernière trace que le Cap de la Hève nous ait laissée de son existence au large (*e*). Dans ce temps, la marée montante venant de Barfleur, se portait comme à présent, sur la côte comprise entre Antifer et la Hève. Il est par conséquent facile de juger que ce cap, lorsqu'il était sur l'Eclat, formait, comme aujourd'hui, la limite du courant principal ; alors le poulier, semblable à celui sur lequel la ville du Hâvre est fondée, était placé sur le banc que l'on nomme actuellement *les hauts* de la rade, qui ainsi que celui de l'Eclat, sépare la grande et la petite rade. »

« 22. On sait qu'en 1100 environ, le pied de la Hève était habité ; puisque la paroisse de Saint-Adresse existait dans l'emplacement ac-

---

(*e*) *Voyez* le Mémoire sur les côtes de Haute-Normandie.

tuel du banc de l'Éclat. On peut même conjecturer avec assez de vraisemblance qu'il y avait quelques établissemens sur la plage, correspondante au banc formant actuellement les Hauts de la rade : (*Voyez* ci-après (23) et la note du *Mémoire sur les côtes de la Haute Normandie*, page 32.) »

« Or, il est dans le caractère de l'homme de disputer pied à pied ses possessions aux élémens. Les établissemens formés dans l'emplacement du banc de l'Eclat, ont donc été défendus et protégés très longtemps par l'art, contre le choc réitéré des vagues ; ils se sont donc maintenus plus que les bords collatéraux de la côte. Ces bords abandonnés à eux-mêmes n'ont eu d'autre résistance à opposer aux efforts de la mer, que celle que leur a fournie leur propre densité. Dégradés et reculés en arrière, ils ont enfin cédé le passage à la mer, et ont abandonné ces anciens établissemens de Saint-Adresse, dont le terrein n'a plus formé qu'une île ; cette île elle-même attaquée de toutes parts, a bientôt succombé aux efforts constans des courans et des vagues. Elle a disparu, en ne laissant d'autres vestiges, qu'un amas de décombres qui forment actuellement le banc de l'Eclat, la marée basse les couvre de six à sept pieds au moins ; et comme entre ce banc et le cap de la Hève, il reste pour les courans, un passage assez grand que le temps ne fera qu'accroître ; il est plus que probable qu'il ne montera jamais plus d'eau sur l'Eclat qu'à présent. »

« 23. La carte hydrographique de l'embouchure de la Seine, par M. Degaulle (Hâvre, 1788), indique un fond de roches sur le banc qu'on nomme les Hauts de la rade, dont les parties les plus élevées sont à marée basse, de sept à neuf pieds au-dessous de l'eau. »

« La nature des matières dont les côtes de la Hève et d'Ingouville, sont assez uniformément formées, ne permet pas de croire que ces roches soient indigènes ; il est plus naturel de penser qu'elles sont les restes de quelque ancien ouvrage que la mer n'aura pu totalement effacer. »

« Une observation confirme assez cette présomption ; en effet, de telle nature qu'ait été le bord de la côte, depuis le cap de la Hève, jusqu'à l'embouchure de la Seine, on ne peut douter qu'il ne fût d'une même densité, et par conséquent, capable d'une résistance égale dans toute sa longueur; or on observe que le banc de l'Eclat est séparé des Hauts de la rade, par la passe de l'ouest, où la sonde donne de mer basse jusqu'à vingt-trois pieds d'eau. Si donc on ne trouve point la même profondeur sur les Hauts de la rade où le fond primitif a du être de même nature que celui de la passe de l'ouest, cela n'a pu provenir que d'une résistance étrangère occasionée par quelque établissement formé dans cette partie. »

« 24. Le passé nous instruit pour l'avenir : les établissemens précieux qui forment la ville du Hâvre, auront un jour le même sort que ceux dont nous venons de parler. Mais cette époque est très reculée; car ils seront protégés et défendus par les secours de l'art, à mesure que la destruction de la Hève permettra à la mer de les contourner. L'action de la mer et les courans s'ouvriront enfin entre la ville et la côte, un passage semblable à celui qui a séparé de la terre les établissemens de Saint-Adresse sur l'Eclat. Alors la ville et le port du Hâvre ne formeront plus qu'une île, *dont l'existence exigera toutes les ressources de la science hydraulique et toute la vigilance du gouvernement* (c). »

« Mais revenons à l'objet qui nous a conduit à jeter un coup-d'œil rapide sur le sort futur du port du Hâvre, et contentons-nous de le considérer dans un avenir moins reculé. »

« 25. Avant la destruction de la plage qui existait sur l'Eclat et sur les Hauts de la rade, le courant principal qui passe actuellement à la tête du cap de la Hève, avait son lit le long de cette plage : alors s'est approfondie la partie de la grande rade qui longe ces deux bancs. »

« 26. Depuis l'ouverture et l'élargissement de la passe du nord-ouest, la partie du courant principal qui s'est portée entre les bancs et les bords de la plage, a formé et approfondi la petite rade. »

(c) *Voyez* le mémoire sur les côtes de la Haute-Normandie.

« 27. Ce courant en passant au-devant des jetées emploie toute sa force pour nettoyer le fond, des alluvions qui y sont apportées. »

« 28. L'autre partie du courant principal qui longe extérieurement l'Eclat et le banc des Hauts de la rade, se joint à la première, en passant entre ce dernier banc et celui d'Anfar, alors les deux courans n'en font plus qu'un seul qui, resserré entre Anfar et la terre, entretient le fond à une assez grande profondeur et forme le mouillage reconnu en 1782, par M. de Bombelle. La plus grande profondeur de ce mouillage répond à la partie la plus élevée du banc d'Anfar, dans l'endroit où le courant est le plus resserré. Son lit s'élargit ensuite après avoir dépassé la pointe du Hoc, et sa profondeur diminue en raison de cet élargissement. »

« 29. L'extrémité du cap de la Hève, est et sera toujours, par la nature de sa position, dans le courant principal : la tête de la jetée nord-ouest se trouve prolongée jusque dans ce courant qui côtoye ensuite la digue naturelle du galet, comprise entre Notre-Dame des Neiges et le Hoc. »

« 30. Les deux plages comprises entre ces trois positions, sont aussi en plus grande partie du galet. Elles forment et formeront toujours dans leur plan des courbes rentrantes (*d*) qui éloignent le bord de la côte, du courant principal de la marée montante. La concavité du circuit que prend ce courant (2) et celles des courbures du rivage sont dans une mutuelle opposition. Leur plus grand éloignement est égal à la somme des flèches des deux arcs correspondans. »

« 31. Il résulte en conséquence de la position relative du rivage et du circuit que prend le courant principal, qu'il doit y avoir à marée montante, un contre-courant de la jetée du nord-ouest, vers le cap de la Hève, et un autre partant de la digue comprise entre le Hoc et Notre-Dame-des-Neiges, et allant vers la jetée du nord-ouest (3). »

Voici enfin ce que l'on trouve de relatif à la formation des bancs de

---

(*d*) Mémoire sur les côtes de la Haute-Normandie.

l'embouchure de la Seine et au régime des courans dans ce fleuve, dans le mémoire rédigé par Lamblardie sur un projet de canal latéral entre le Hâvre et Villequier.

« 8. Il est constant que le changement qui survient à chaque marée dans le chenal de la Seine, entre son embouchure et Villequier est une des principales causes qui rendent cette navigation si difficile et même si périlleuse. Ce changement dépend lui-même : 1° de l'excessive largeur du lit de la rivière qui augmente tous les jours, 2° des sables fins et mobiles sur lesquels elle coule. »

« 9. La largeur du lit de la Seine donne aux vents la facilité d'élever des vagues à sa surface, et, toutes choses égales d'ailleurs, la grandeur, et par conséquent, la force de ces vagues est en raison inverse du sinus de l'angle formé par les directions du vent et du lit de la rivière. »

« 10. L'effet des vents et leur direction contribuent donc infiniment à changer le chenal de la Seine, mais d'une manière qui jusqu'à présent ne nous paraît pas avoir été observée. »

« 11. Lorsque les vents viennent (par exemple) de la partie du nord, les vagues sont poussées vers la rive gauche, le long de laquelle la surface de l'eau se trouve agitée, tandis que le calme est d'autant plus grand sur la rive droite que l'élévation de la côte qui la met à l'abri est plus considérable. »

« 12. Or la surface de l'eau ne peut être agitée sans produire sur le fond une plus grande action proportionnelle à la hauteur des vagues et cette plus grande action ne peut avoir lieu sans attaquer le fond qui s'approfondira d'autant plus vite que les matières qui le composeront seront plus mobiles, plus légères, et que le courant de l'eau qui pourra les déplacer sera plus considérable. (*a*) »

(*a*) (*Note de l'auteur des observations sur le Mémoire de M. Pattu.*) Ce paragraphe explique comment des courans d'une faible intensité peuvent approfondir certaines passes, d'une quantité considérable, lorsqu'ils sont secondés par l'action des lames.

« 13. Si quelque rémous porte l'eau chargée de ces troubles indigènes vers la rive opposée, ils s'y déposeront en grande partie par la stagnation, et tendront à relever le fond. Ces effets sont proportionnés à la hauteur à laquelle la mer monte, et à la force et à la direction des vents. »

« 14. En effet, si la mer s'élève à une très grande hauteur, elle couvre une plus grande superficie de terrein et alors le vent, pouvant traverser une plus vaste étendue d'eau, élève des vagues d'autant plus fortes qu'il a lui-même plus d'intensité. Mais on ne doit pas négliger sa direction dans l'évaluation des effets qu'il produit pour changer le lit de la rivière. »

« 16. Ainsi les vents de la partie du Nord-Ouest, du Nord-Est, du Sud-Ouest et du Sud-Est sont ceux qui doivent produire le plus grand changement dans le lit de la Seine, principalement depuis son embouchure jusqu'à Quillebeuf. Les vents de Nord-Ouest et de Sud-Ouest en occasionent surtout de très considérables, le premier pousse jusqu'à l'embouchure de la rivière toutes les matières qui proviennent de la destruction des falaises depuis le cap d'Antifer jusqu'au Hâvre et les dépose derrière la jetée du Sud-Est, le second les entraîne jusqu'à la pointe du Hoc à l'embouchure de la Lezarde. Ces matières presque toutes siliceuses sont constamment roulées par les vents du Sud-Ouest, elles se brisent, s'arrondissent et se réduisent en sable ; c'est la principale source des bancs qui embarrassent l'embouchure de la Seine et dérangent la navigation. Il faut l'avoir observé, pour croire à la quantité immense que la mer en apporte chaque année, elle peut être évaluée à plus de 3000 toises cubes (*h*) qui relèvent constamment le lit de la Seine à

(*h*) La distance du cap d'Antifer au Hâvre est de . . .	10,000 toises.	33,333
La hauteur réduite est de	20	
Les observations constantes prouvent que la mer enlève tous les ans sur cette côte un pied d'épaisseur ordinaire de matière, ci	1 pied.	

Les bancs de silex dont cette côte est composée, ont ensemble environ 12 pieds de

mesure qu'il s'élargit. Tous les sables déposés sont de la plus grande mobilité; le moindre changement dans le courant de la rivière les déplace avec la plus grande facilité sur une profondeur et une étendue considérables. On sait que c'est l'affaire de peu de jours pour voir disparaître des centaines d'acres de terrein qui offraient depuis plusieurs années à l'agriculture d'excellens pâturages, et dans l'emplacement desquels la rivière établit un courant dont la force pourrait facilement affouiller et culbuter les ouvrages les plus solidement construits. »

« 17. C'est en vain que l'art voudrait ici se mesurer avec la nature, les moyens qu'il pourrait employer sont trop faibles en les comparant avec d'aussi grands effets; les épis, les digues, tous les travaux en un mot, les plus solides, les mieux entendus, les plus savamment dirigés ne pourraient resister à un effort si subit et aussi considérable. Il faudrait qu'ils fussent fondés beaucoup au-dessous du niveau des affouillemens possibles qui s'étendent quelquefois à plus de vingt pieds au-dessous du niveau des basses eaux; or l'on sent que dans un pareil emplacement une entreprise semblable doit être regardée comme impossible. »

« 18. Mais admettons pour un instant l'existence de ces ouvrages et l'exécution du projet le plus avantageux; supposons par conséquent la rivière de Seine contenue depuis Villequier jusqu'à son embouchure entre deux digues assez profondément fondées, assez solidement construites pour être capables de résister. Aura-t-on pour cela détruit tous les inconvéniens? Non sans doute; les vents de Nord-Ouest n'en apporteront pas moins à la tête du canal les matières provenantes de la destruction de la côte depuis le cap d'Antifer jusqu'au Hâvre; ces dépôts n'en seront pas moins poussés, surtout à marée montante, dans l'intérieur du canal par les vents de la partie du Sud-Sud-Ouest; il s'y

---

hauteur réduite, ce qui est le dixième de toute la hauteur et produit un cube de 3,000 toises.

formera donc des atterrissemens au moins à son embouchure qui en rendront peut-être l'accès très dangereux. Ce canal en un mot n'en sera pas moins sujet aux mêmes inconvéniens qu'on éprouve toujours à Bayonne, malgré les dépenses considérables qu'on y a faites jusqu'à présent; mais ces inconvéniens ne sont pas les seuls, et l'exécution de ce canal en occasionerait d'autres de la plus grande importance. »

Nous ne transcrirons point ici les paragraphes 19, 20, 21, 22, et 23 de ce mémoire parce qu'ils ne sont que la copie littérale de ceux 3 et 4 du mémoire, sur les côtes de la haute Normandie que nous avons déjà cités; mais les paragraphes suivans 24, 25 et 26 méritent la plus grande attention, et nous allons les rapporter :

« 24. D'après quelques observations faites sur le mouvement de la mer dans une autre baie, nous croyons devoir évaluer cette pente (celle du courant de la marée montante) à un vingtième de ligne par toise; or comme la ligne de séparation du courant secondaire avec le courant principal est à peu près à 8000 toises de distance du port du Hâvre, nous croyons qu'il y doit monter environ deux pieds neuf pouces de moins de hauteur d'eau qu'au large. (1) »

« 25. Un projet qui rétrécirait la baie de la Seine au point de n'y plus recevoir la même quantité d'eau, rapprocherait par conséquent de l'embouchure, la ligne de séparation dont nous venons de parler (24), et augmenterait en proportion la hauteur de la pleine mer dans la rade du Hâvre; or, pour que le canal dont il a été question ci-dessus (18) pût remplir son but, il serait essentiel de rétrécir la baie, au point de ne recevoir tout au plus que la moitié de la quantité d'eau qui s'y introduit actuellement. La ligne de séparation du courant principal, d'avec le courant secondaire, ne serait donc plus éloignée que de 4000 toises de l'embouchure de la Seine, la mer s'éleverait donc au Hâvre de trois de pieds plus environ qu'à présent; or, on sait que dans

(1) C'est-à-dire dans le grand canal de la Manche.

les équinoxes et lorsque la mer est poussée par les vents de la partie de l'Ouest, une partie des quais du port sont inondés. On serait donc obligé de relever de trois pieds environ non-seulement tout le sol de la ville, mais encore toutes les digues d'enclôture des terreins compris entre le Hâvre et Harfleur qui se trouvent dès à présent de plus de trois pieds au-dessous du niveau des plus grandes mers. »

« 27. Nous estimons donc que les deux digues que nous avons supposées (18) former et contenir le chenal de la Seine pour le rendre navigable, sont non-seulement d'une exécution impossible, mais encore qu'elles manqueraient leur but, et qu'il en résulterait les plus grands inconvéniens. Tout ce que nous venons de dire à ce sujet peut s'appliquer à tous les ouvrages de même genre. Nous ne nous arrêterons donc pas davantage sur ce sujet, ni à prouver qu'il n'en pourrait pas résulter plus de promptitude dans la navigation. »

Nous bornerons pour le moment à ce qui précède les citations des mémoires de Lamblardie, et nous ferons seulement remarquer que les observations qu'ils contiennent, ainsi que les conséquences que cet ingénieur en a tirées; ont été confirmées par les observations qu'ont faites, depuis, les ingénieurs qui lui ont succédé dans la direction des travaux des ports de Dieppe et du Hâvre. (1)

---

(1) MM. Sganzin, Gayant, Girard, Lapeyre, Haudry, Bérigny, Eustache, Le Tellier, etc.

CHAPITRE II.

Explication des phénomènes que l'on observe à l'embouchure de la Seine, suivant M. Pattu.

M. Pattu, dans le mémoire qu'il a publié en février 1825, se trouve d'accord avec l'auteur que nous venons de citer, relativement à l'origine des alluvions qui encombrent l'embouchure et une partie du lit de la Seine; cet ingénieur pense, avec Lamblardie, qu'elles sont en grande partie le produit des débris des côtes de la haute et de la basse Normandie, que les courans et l'action des lames transportent dans cette embouchure; mais on voit, page 14 des notes de son mémoire, qu'il attribue à l'effet des courans une part beaucoup plus grande que Lamblardie, dans la destruction des falaises et dans le transport des matières qui en proviennent, et qu'il en tire cette conclusion : qu'en diminuant la vitesse des courans de flot, on diminuera la quantité d'alluvions qui arrivent journellement dans la Seine.

M. Pattu est d'ailleurs loin de reconnaître l'exactitude des observations et de la théorie que nous avons présentées dans le chapitre précédent, sur le régime des marées; théorie qu'il attribue par erreur à M. Noël, auteur d'un ouvrage sur la navigation de la Seine, publié en 1802.

Il existe dans le fond de la Manche, dit M. Pattu, un grand canal qu'on doit regarder comme le prolongement du lit de ce fleuve, et qui est à la même distance du cap de la Hève et de l'embouchure de l'Orne ; on trouve dans le milieu de ce canal 85 pieds d'eau de basse mer et 40 seulement sur ses bords ; cette route est celle que doit suivre le courant principal de la baie ; cette particularité doit détruire les assertions de Noël, ou plutôt de Lamblardie ; et le courant principal du flot doit porter directement en Seine après avoir doublé le cap de Barfleur, au lieu de se diriger sur la côte de la Haute-Normandie ; c'est-à-dire que les eaux qui remplissent la Seine ne seraient point dérivées du courant principal de la marée qui entre dans la Manche ; mais que ce serait ce courant lui-même qui entrerait directement dans le fleuve après avoir doublé la pointe de Barfleur. Enfin, dans l'opinion de cet ingénieur, ce sont les eaux venues par le grand canal en question, qui forment le plein des ports du Hâvre et de l'Etretat; puisque, dit-il, la mer a déjà beaucoup descendu au premier endroit quand elle n'est encore qu'étale au second ; puisque les tables des marées apprennent que lorsque la mer est pleine au Hâvre à 9 h. 20', elle ne l'est qu'à 10 h. au cap d'Antifer ; puisqu'enfin, la mer est pleine à la pointe du Hoc quelques minutes avant de l'être au Hâvre.

M. Pattu combat aussi la théorie développée dans les Mémoires de Lamblardie, soit sur la marche des courans dans la Seine, soit sur l'effet que produirait le rétrécissement de son embouchure, en citant des observations faites par M. Bunel officier de la marine, desquelles il résulte, que la mer monte moins dans le milieu de la baie de Seine qu'elle ne s'élève au Hâvre et en général sur les rives de cette baie. Observations qui font tomber de lui-même, selon cet ingénieur, un système qui repose sur ce que le phénomène des marées dans la Seine serait uniquement dû à la dénivellation des eaux du grand canal de la Manche, vers le fond de la baie.

Nous ferons cependant observer ici, que M. Pattu semble se mettre en contradiction avec lui-même, lorsqu'il dit, page 17 de son Mémoire :

« Il (le barrage) influera même sur le grand courant qui borde les côtes de la Manche à mer montante ; l'eau qui entre dans la Seine *se détache de ce courant* et le tient ainsi éloigné du Hâvre, mais il s'en approchera beaucoup aussitôt que le barrage aura fermé la vallée, etc.»

Quant au phénomène de la tenue du plein de la mer au Hâvre, M. Pattu ne pense pas qu'on doive l'attribuer au refoulement des eaux de la marée dans la Seine. Il ne combat pas, à la vérité, l'explication qui en a été donnée ci-dessus, paragraphe 3 du Mémoire de Lamblardie, mais il s'attache à réfuter celle qui se trouve dans l'astronomie de M. Lalande; et il cherche à prouver que ce phénomène tient à d'autres causes sur lesquelles la construction de son barrage n'aurait aucune influence.

Le Mémoire que nous examinons présente à cet égard de nouvelles observations de M. Bunel, desquelles il résulte, que le port du Hâvre n'est pas le seul point de la baie de Seine, qui conserve son plein pendant un temps plus ou moins considérable; que le port d'Honfleur, les embouchures des rivières de Dive, de l'Orne et de Vire, jouissent de la même propriété, et qu'il paraît même qu'un phénomène semblable a été remarqué à Dunkerque. M. Pattu conclut de ces faits et de ce que le niveau de la pleine mer est plus élevé sur les rives de la baie que dans son milieu, que la marée s'y comporte comme une boule qui, ayant une certaine vitesse acquise, remonterait sur un plan incliné, jusqu'à ce que l'action de la pesanteur soit parvenue à faire équilibre à cette vitesse; et que c'est probablement là l'unique cause de la tenue du plein dans le port du Hâvre et sur divers autres points des environs.

CHAPITRE III.

Description du barrage-déversoir maritime, et indication des avantages qu'il doit procurer.

Nous venons d'exposer dans les deux chapitres précédens.

1° Les faits observés par Lamblardie, relativement aux phénomènes qui se passent à l'embouchure de la Seine ; les conséquences qu'il en a déduites, et la théorie d'après laquelle cet ingénieur les explique.

2° Les faits observés par M. Pattu, et la théorie qu'il croit devoir substituer à celle de Lamblardie.

L'examen de ces théories nous conduira aux vrais principes d'après lesquels l'objet que nous traitons doit être jugé. Mais pour bien faire connaître l'état de la question, nous croyons d'abord devoir indiquer succinctement ici, en quoi consiste le barrage-déversoir maritime projeté par M. Pattu, et quels sont les avantages que cet ingénieur se promet, de la construction de ce grand ouvrage. (1)

C'est vis-à-vis d'Honfleur que ce barrage devrait être placé, sur une ligne passant par le milieu des chantiers de ce port et par le clocher de

(1) Cette description est tirée du mémoire publié par M. Pattu, en février 1825

l'église d'Harfleur, situé sur la rive opposée. Sa longueur totale serait de 8,500 mètres. Son sommet aurait 10 mètres de largeur et serait établi de niveau à la hauteur des marées cotées 0,97 dans l'annuaire des longitudes ; hauteur qui correspond à celle des hautes mers de vive-eau moyennes environ.

Il serait pratiqué vers chaque extrémité de ce barrage un pertuis, dont le radier serait au niveau du fond de la rivière, et dont la largeur serait calculée de manière à ce que le niveau des eaux qu'il retiendrait en amont, ne pût jamais descendre au-dessous de son arrête supérieure ; c'est-à-dire, que ces deux pertuis ne devraient débiter que le produit des eaux de la Seine à l'étiage.

La partie du fleuve en amont serait mise en communication avec la mer, au moyen de trois écluses. L'une auprès des bassins d'Honfleur, qui communiqueraient avec elle ; l'autre auprès du Hoc, et la troisième près des bassins du Hâvre, à la tête du canal de Vauban, qu'on acheverait et dont on ferait un bras de la Seine. Enfin, M. Pattu indique comme un perfectionnement de ce qui précède, la possibilité de conduire ce bras à travers l'espace compris entre la ville du Hâvre et le pied du côteau d'Ingouville, où la Seine a passé autrefois, et de le faire déboucher directement à la mer près de l'épi Saint-Roch ; ce qui formerait une nouvelle entrée pour ce port.

L'ensemble de ce projet serait complété par la construction d'un brise-lame destiné à mettre le barrage-déversoir à l'abri de l'effet des tempêtes. Ce brise-lame serait placé en travers du lit de la rivière à 1,730 mètres au large du barrage, dans une direction perpendiculaire aux vents régnans. Sa longueur serait de 5,698 mètres ; sa hauteur de 3 m. 00 au-dessus des hautes mers de vive-eau ; enfin ses talus seraient à 45 ° du côté de la vallée, et auraient 3 1/2 de base pour un de hauteur, du côté du large.

Les enrochemens à pierres perdues paraissent être le principal moyen que l'auteur du projet se propose d'employer dans la construction du barrage et du brise-lame.

Enfin, la dépense totale de ces ouvrages s'élèverait, par aperçu, à la somme de 38 à 40 millions.

Voici maintenant quels sont les avantages qui, dans l'opinion de M. Pattu, résulteraient de la construction du barrage-déversoir maritime.

L'effet désastreux de la barre ou mascaret, serait détruit; les rives de la Seine seraient préservées des dégradations que ce phénomène y occasione, et une grande étendue de terreins serait rendue à l'agriculture.

En amont du barrage, les bas-fonds qui existent entre Honfleur et Villequier, et qui s'opposent maintenant au passage des navires tirant plus de 9 pieds d'eau, *seraient abaissés par l'effet du courant qui s'établirait dans les deux pertuis que l'on a indiqués ci-dessus;* et l'immense bassin formé par la retenue des eaux entre Rouen et Honfleur pourrait être parcouru dans tous les sens et à tous les instans, par les plus grands navires du commerce.

En aval, l'effet de ces mêmes pertuis, joint à celui du courant du flot qui, *partant du cap de Barfleur, viendrait alors longer le brise-lame, ou le barrage, et la côte de Haute-Normandie,* s'opposerait au dépôt des alluvions dans la partie extérieure de la baie de Seine, et diminuerait même la hauteur des bancs qui s'y trouvent.

Les ports du Hâvre, Honfleur et Rouen, pouvant communiquer entre eux avec la plus grande facilité, n'en formeraient plus en quelque sorte qu'un seul, et les navires retenus par des vents contraires dans l'un ou l'autre des deux premiers, pourraient aller chercher un appareillage facile, en se rendant, au moyen des écluses et des canaux latéraux indiqués plus haut, dans celui qui serait au vent.

Enfin, la nouvelle entrée projetée pour le port du Hâvre lui procurerait presque immédiatement les avantages qui doivent résulter de la séparation que la destruction annuelle du cap la Hève doit amener à une époque plus ou moins reculée. Et, dans tous les cas, l'immense réservoir d'eau formé dans la Seine, que l'on pourrait mettre en communication avec les bassins de retenue du Hâvre et d'Honfleur, procurerait un puissant moyen d'augmenter l'effet des chasses, qui servent à débarrasser l'entrée de ces ports, des alluvions que la mer y apporte journellement.

Il est impossible de ne pas reconnaître que la construction du barrage-déversoir ne fît disparaître les effets de la barre ou mascaret au-dessus de Honfleur, et que d'immenses terreins ne pussent être rendus à l'agriculture; mais tous les avantages que l'on a annoncés ci-dessus se réaliseraient-ils comme ceux-ci? L'influence du barrage sur le régime des courans et des alluvions n'aurait-elle pas des conséquences tellement graves, qu'elles dussent faire renoncer à ce projet? Le port du Hâvre conserverait-il la propriété qu'il a, de garder son plein pendant un temps assez considérable? Enfin, la construction de ce grand ouvrage présenterait-elle aussi peu de difficultés que M. Pattu paraît le croire, et la dépense ne s'éleverait-elle pas au-delà des prévisions de cet ingénieur? C'est ce que nous ne pensons pas; mais telles sont au moins les questions importantes que l'examen du projet de M. Pattu doit naturellement faire naître, et que nous allons chercher à résoudre.

CHAPITRE IV.

Examen des théories exposées dans les chapitres précédens sur les phénomènes observés à l'embouchure de la Seine.

Nous avons déjà fait connaître dans le chapitre II en quoi l'opinion de M. Pattu diffère de celle de Lamblardie relativement aux phénomènes des marées et des courans, observés à l'embouchure de la Seine; mais la matière est assez importante pour que nous la rappelions succinctement ici.

Il existe dans le fond de la Manche, dit M. Pattu, un grand canal sous-marin qui doit être la route du courant principal: ainsi ce courant ne va pas frapper la côte de Haute-Normandie après avoir dépassé la pointe de Barfleur, pour porter ensuite dans la Seine après avoir doublé le cap la Hève; mais il entre directement dans le lit de ce fleuve, sans aucune déviation de sa direction primitive. D'ailleurs, les observations faites sur les marées, par M. Bunel, qui prouvent que la mer s'élève moins dans le milieu de la baie que sur ses bords, suffisent, dit-on, pour faire tomber d'elles-mêmes la théorie de Lamblardie et les conséquences qu'il a déduites de ses observations, puisqu'elles reposent sur une hypothèse que les faits cités par M. Pattu semblent rendre inadmissible.

Mais ces nouvelles observations sont-elles vraiment de nature à renverser une théorie que plus de quarante années d'observations faites par des ingénieurs du plus grand mérite, avaient confirmée jusqu'à ce jour? Enfin la théorie qu'on veut substituer à celle de Lamblardie est-elle plus conforme aux lois de la nature, ou basée sur des faits plus concluans? C'est ce que nous sommes loin de penser.

Nous ne nierons pas l'existence du canal sous-marin dont il est ici question. De semblables vallées existent dans beaucoup d'autres localités, et notamment à l'embouchure de la majeure partie des rivières qui se jettent à la mer sur les côtes de Bretagne; mais, dans ces localités, ces vallées ont été évidemment originairement formées par une de ces catastrophes qui, dans les temps anciens, ont bouleversé cette partie du globe, et sans que l'action des courans y fût pour rien; et il est permis de croire que les vallées que l'on dit exister dans le prolongement de la Seine et dans le canal de la Manche, sont dues aux mêmes causes. Le fond de ces vallées doit être nécessairement beaucoup plus bas que le niveau des plateaux qui les avoisinent, et l'action des courans peut entretenir cette profondeur. Mais il est important de faire remarquer que ce sont les courans de jusant seuls qui suivent leur direction, et jamais les courans de flot, qui entrent presque toujours dans les ports ou rivières à la suite desquels ils se trouvent, en suivant une autre direction, ainsi que le prouvent les observations.

On a vu d'ailleurs, ci-dessus, que le grand canal dont parle M. Pattu est à 85 pieds en contrebas de la surface des basses mers; que ses bords sont à 40 pieds au-dessous de ce niveau; et l'on peut raisonnablement se demander quelle influence directe peut avoir ce canal sur les effets apparens d'un phénomène qui se passe dans une région si abaissée au-dessous de la surface de la mer?

Pour que le régime général des courans dans l'embouchure de la Seine ne fût pas tel que Lamblardie l'a décrit, il faudrait que les eaux qui la remplissent ne fussent pas dérivées du courant principal qui entre dans la Manche, en suivant une direction qui forme, avec la flèche de la baie de Seine, un angle presque droit; ou, en d'autres termes, il faudrait, comme le pense M. Pattu, que le courant principal du flot dans la Manche, se dirigeât sans aucune inflexion vers l'embouchure de la Seine, ce dont on reconnaîtra l'impossibilité évidente en jetant un coup-d'œil sur la carte de cette partie de la côte.

Si les choses se passaient ainsi, il n'y aurait point de *raz* à la pointe de Barfleur; il n'existerait point un courant de flot très violent, qui se fait sentir, dès le commencement de la marée, entre le cap de la Hève et le banc de l'Éclat. Enfin, le régime des courans qui remplissent le port du Hâvre, et que l'on observe en amont et en aval de son entrée (*voyez* les §§ 20 et suivans du second *Mémoire de Lamblardie* cité plus haut), serait établi dans un sens diamétralement opposé à ce que la simple inspection des localités peut faire reconnaître, même aux personnes les moins habituées à ce genre d'observations.

Les différences qui se trouvent entre les heures du plein de la mer à la pointe du Hoc, au Hâvre, et à Etretat, sur lesquelles on s'appuie pour établir la théorie que l'on veut substituer à celle développée dans les mémoires de Lamblardie, ne prouvent rien. Il suffit pour s'en convaincre de se rappeler ce que nous avons transcrit de ces mémoires, et l'on reconnaîtra sans peine, que la mer doit effectivement atteindre son plein à la pointe du Hoc, quelques minutes plus tôt qu'au Hâvre; puisque c'est évidemment la verhaule occasionée par le courant qui va frapper cette pointe, qui remplit ce port. Quant à celui d'Etretat, l'on voit, en examinant la carte des côtes de la Normandie, qu'il est situé au Nord-Est de la pointe la plus avancée du cap d'Antifer, et que le régime des marées dans ce point de la côte, doit être entièrement indépendant de celui qui a lieu au Nord-Ouest de ce cap. Si les tables des marées apprennent que l'établissement du port d'Etretat retarde d'une demi-heure sur celui du Hâvre, elles apprennent également que, dans les ports de Fécamp et de Dieppe, l'établissement est à peu de chose près le même qu'à Etretat; faudrait-il en conclure aussi, que ce sont les eaux qui entrent dans le grand canal de la

Seine qui, refluant sur elles-mêmes, vont ensuite remplir ces deux ports ?

Nous citerons enfin, pour démontrer le peu d'influence que peut avoir le canal sous-marin, dont parle M. Pattu, sur le régime des courans de flot, ce qui se passait dans la rade de Cherbourg avant la construction de la digue :

Le fond de cette rade présente, sans contredit, la configuration la plus favorable à la production du phénomène annoncé par cet ingénieur :

Un talus très peu incliné règne depuis le large jusqu'aux bas-fonds qui bordent le rivage et en suivent à peu près les contours. Ces bas-fonds dont l'étendue est d'environ mille mètres mesurés perpendiculairement à la côte, présentent des différences de pente très sensibles dans leur profil transversal ; cette pente très douce d'abord, en partant de la laisse de haute mer, devient rapide à la partie inférieure ; enfin la direction du courant de flot dans la Manche est à-peu-près Ouest Nord-Ouest et Est Sud-Est, tandis que celle de la flèche de la baie est Nord et Sud ; et, en comparant ces dispositions respectives avec celles que présente la baie de Seine, tout semble concourir ici, pour faire penser, qu'à l'époque dont nous parlons les choses devaient se passer à Cherbourg comme M. Pattu prétend qu'elles ont lieu dans la première ; c'est-à-dire que le courant de flot devait contourner le rivage en s'appuyant sur l'accore des bas fonds.

Voici cependant ce que M. le Baron Cachin dit à ce sujet dans le mémoire qu'il a publié en 1820 :

« Lorsque la baie de Cherbourg était encore découverte et dans l'état de rade foraine, les courans de la marée montante ne rencontrant aucun obstacle entre la pointe de Querqueville et l'Isle Pelée, traversaient diagonalement la rade *du Nord-Ouest* au *Sud-Est* pour se porter sur la plage de Tourlaville, *d'où ils réagissaient successivement de l'Est vers l'Ouest et remplissaient ainsi la baie et le port de commerce.* »

Or cette description de la marche des courans dans la baie de Cherbourg est tout-à-fait conforme à celle que fait Lamblardie du régime des courans dans la baie de Seine.

Nous n'insisterons pas davantage sur ces considérations. Elles suffisent pour démontrer l'invraisemblance de ce que M. Pattu a avancé sur l'effet que doit produire le canal sous-marin que l'on croit avoir remarqué dans la baie de Seine, et nous allons nous attacher à répondre à l'objection tirée des observations faites sur la différence qui existe entre le niveau de la pleine mer au Hâvre et dans l'intérieur de la baie, laquelle doit, au premier aperçu, paraître beaucoup plus sérieuse.

A l'époque où les mémoires de Lamblardie que nous avons cités dans le Chapitre Ier ont été rédigés, l'immortel ouvrage de M. le marquis de la Place sur le système du monde n'était pas encore connu, et l'on pensait généralement alors que l'effet des marées sur les côtes était uniquement dû aux courans produits par l'action de la pesanteur sur une masse fluide dont l'action des astres avait dérangé l'état d'équilibre. C'est en effet à cette seule partie du phénomène que cet ingénieur a eu égard dans les explications qu'il a données du régime des courans dans la baie de Seine et à l'embouchure de ce fleuve, mais on verra plus bas que cette circonstance ne peut influer en rien sur l'exactitude de la théorie qu'il avait déduite de ses observations.

Nous n'entreprendrons pas de faire ici la description complète du phénomène des marées dont la théorie se trouve développée dans l'annuaire des longitudes de l'année 1815 et dans le système du monde de M. le marquis de la Place. Nous nous bornerons seulement à rappeler ce qui est principalement essentiel à cette discussion, savoir :

Que la cause primitive du phénomène des marées est due à l'action simultanée de la lune et du soleil sur la masse des eaux qui environnent une partie de la terre.

Que cette action produit à la surface des eaux une intumescence plus ou moins considérable dont la marche et la hauteur au-dessus du niveau des mers dépendent de la position respective de ces astres, soit entre eux, soit par rapport à la terre.

Enfin, et cette considération est très importante dans la question qui nous occupe; que cette intumescence n'est autre chose qu'une grande ondulation, dont les effets et les conséquences doivent être les mêmes que ceux résultant des ondulations produites dans une masse fluide quelconque, par la chute d'un corps grave, ou par toute autre cause.

M. de Brémontier inspecteur général des ponts-et-chaussées a recueilli à cet égard une suite d'expériences et d'observations intéressantes, qui ont été publiées, après sa mort, dans un mémoire ayant pour titre : *Observations sur le mouvement des ondes.*

Ces observations prouvent que l'ascension et l'abaissement du niveau de la mer dans l'intervalle d'une marée ne se font pas par un mouvement continu, mais par une suite d'oscillations successives dont l'amplitude est inégale, et qui marchent par groupes de nombre impair, semblables à ceux que présentent les vagues, lorsqu'on observe leur déferlement sur les rivages de la mer.

Elles prouvent également, que l'amplitude des oscillations formées dans une masse fluide par une cause quelconque, peut éprouver de grandes modifications, par suite des obstacles que la loi du mouvement de transmission des ondes est susceptible de rencontrer de la part du fond ou des bords du vase qui renferme cette masse fluide. Et en cela, elles se trouvent d'accord avec l'explication qui a été donnée par M. le marquis de la Place, des énormes différences que l'on observe entre le niveau des marées au milieu de l'Océan et sur quelques points des côtes.

Les expériences de M. de Brémontier prouvent enfin que les ondulations qui ont lieu dans une masse de fluide, libre de tous obstacles, n'y engendrent point de courans, et ne modifient en rien ceux qui pourraient y exister postérieurement à leur production.

Quelques faits serviront à confirmer les considérations que nous venons de développer.

1° Dans un grand nombre de points du globe, par exemple, aux îles Maurice et de Bourbon; dans la Méditerranée et notamment dans le golfe de Venise, au fond du golfe de Gascogne, etc., le phénomène des marées n'engendre point de courans, et, quelle que soit la hauteur à laquelle celles-ci s'élèvent, les courans littoraux, ou ceux dus aux vents régnans ne subissent aucune altération.

2° On observe le phénomène suivant, à l'embouchure des rivières dans les baies profondes et dans les détroits :

Vers la fin de la marée, la surface de la mer s'abaisse, quoique les courans aient encore la direction de flot. Et *vice-versa*, au commencement de la marée le niveau de la mer s'élève, bien que les courans aient encore la direction de jusant.

3° On remarque dans les principaux fleuves où la marée se fait sentir, que la mer a beaucoup baissé à leur embouchure lorsqu'elle n'a pas encore atteint son plein dans la partie supérieure, et que ce plein arrive quelquefois sans qu'il y ait eu de courant rétrograde dans la rivière.

Enfin M. le marquis de la Place s'exprime ainsi dans son exposition du système du monde :

« La grandeur des marées dépend beaucoup des circonstances locales : les ondulations de la mer, resserrées dans un détroit, peuvent devenir fort grandes; la réflexion des eaux par les côtes opposées, peut les augmenter encore. C'est ainsi que les marées généralement fort petites dans les îles de la mer du Sud, sont très considérables dans nos ports. »

« Si l'Océan recouvrait un sphéroïde de révolution, et s'il n'éprouvait dans ses mouvemens, aucune résistance; l'instant de la pleine mer serait celui du passage de la lune au méridien supérieur ou inférieur; mais il n'en pas ainsi dans la nature, et les circonstances locales font varier considérablement l'heure des marées, dans des ports même fort voisins. Pour avoir une juste idée de ces variations, imaginons un large canal communiquant avec la mer, et s'avançant fort loin dans

5

les terres : il est visible que les ondulations qui ont lieu à son embouchure se propageront successivement dans toute sa longueur, en sorte que la figure de sa surface sera formée d'une suite de grandes ondes en mouvement, qui se renouvelleront sans cesse, et qui parcourront leur longueur dans l'intervalle d'un demi-jour. Ces ondes produiront à chaque point du canal, un flux et un reflux qui suivront les lois précédentes; mais les heures du flux retarderont à mesure que les points seront plus éloignés de l'embouchure. *Ce que nous disons d'un canal, peut s'appliquer aux fleuves dont la surface s'élève et s'abaisse par des ondes semblables, malgré le mouvement contraire de leurs eaux.* On observe ces ondes dans toutes les rivières près de leur embouchure : elles se propagent fort loin dans la rivière des Amazones; à quatre-vingts miriamètres de la mer elles sont encore sensibles. »

Il est en conséquence fort important de distinguer les deux causes qui contribuent à la production du phénomène des marées, tel qu'on l'observe en général sur les côtes et particulièrement dans les baies, les détroits et les rivières où celui-ci se fait sentir; parce que les phénomènes produits par ces deux causes sont indépendans, bien que la seconde résulte des contrariétés que la première éprouve dans le développement de ses effets.

L'une est celle en vertu de laquelle les eaux s'élèvent et s'abaissent par suite de l'attraction du soleil et de la lune; ce qui produit une grande oscillation, qui, par la transmission successive des ondes, se fait sentir jusque dans les points les plus éloignés du lieu où cette attraction exerce sa plus grande influence, et peut éprouver de grandes modifications par suite de la configuration des côtes, de leur direction par rapport à la direction suivant laquelle marchent ces ondulations, et enfin de l'inclinaison du fond de la mer.

L'autre dépend des courans que les effets secondaires, ci-dessus, occasionent dans la masse des eaux.

Ainsi, l'intumescence produite dans le grand Océan par l'attraction de la lune et du soleil, et qui parcourt la surface des mers au fur et à mesure que la résultante de l'action respective de ces astres passe successivement au méridien des divers points du globe, n'engendre point de courans et ne trouble pas la marche de ceux qui y sont établis.

Ainsi la hauteur de cette intumescence, qui dans les syzygies n'est que de quelques pieds sous l'équateur, doit éprouver de grandes variations aux abords des continens, et peut atteindre 15, 20 et 25 pieds sur nos côtes, et même s'élever jusqu'à 45 pieds, comme cela arrive dans la baie de Cancale et dans la manche de Bristol.

Mais cet accroissement de la hauteur primitive des marées dû aux contrariétés que la marche des ondulations éprouve, par suite de la configuration des rivages, étant contraire à la loi de transmission du mouvement des ondes lorsque celles-ci ont lieu dans une masse fluide libre de tout obstacle, doit par cela même engendrer des courans.

On conçoit d'ailleurs que si, après avoir dépassé un cap ou un continent, le flot rencontre un espace vide, tel qu'une vaste baie ou l'embouchure d'une rivière, il s'établira vers cet espace un courant d'autant plus fort que le vide à remplir sera plus considérable, et que la vitesse ascensionnelle du flot sera plus grande; mais on doit concevoir également, que si la hauteur à laquelle s'élèveront les eaux dans la baie ou l'embouchure en question, dépend en partie du régime du courant que nous venons d'indiquer, elle ne tient pas uniquement à cette cause, et que l'ondulation primitive de la marée, ou celles qui en seront dérivées, devant s'y faire sentir aussi, elles pourront modifier cette hauteur et la rendre plus considérable qu'elle n'eût été sans cette circonstance.

L'effet des marées sur les côtes et dans les baies, ne peut donc être comparé, comme l'a fait M. Pattu, à celui d'une boule qui remonte sur un plan incliné en vertu de sa vitesse acquise. Quelque chose de semblable peut avoir lieu lorsque des courans violens sont contrariés dans leur marche par la configuration des rivages, mais cet effet ne doit avoir qu'une faible part dans l'ensemble du phénomène, et particulièrement dans le fait observé : que la mer monte moins dans le milieu d'une baie que sur ses bords.

Mais, si comme nous venons de le voir, les deux causes qui concourent à la production du phénomène des marées ont des effets indépendans, ne doit-on pas en conclure que la théorie de Lamblardie, sur le régime des courans dans la baie de Seine, qui ne se rapporte qu'à la seconde de ces causes doit être vraie, bien que la mer s'élève davantage au Hâvre, que dans le milieu de cette baie.

Enfin, n'est-il pas naturel de croire que, bien qu'il se détache, de la masse d'eau qui entre dans la Manche et se dirige vers le Pas-de-Calais, des courans secondaires dont la pente générale s'établit du large vers le fond de la baie de Seine, l'ondulation qui dépend de l'attraction des astres, n'en continue pas moins sa marche conformément aux lois que nous avons indiquées, et fait élever les eaux sur les rivages et dans le fond de cette baie à une plus grande hauteur que dans son milieu, sans troubler cependant le régime de ces courans en ce qui concerne les directions qui leur ont été primitivement imprimées.

Le fait sur lequel repose la seconde objection de M. Pattu, contre la théorie établie par Lamblardie, n'est donc pas plus concluant que celui qui sert de base à la première ; et nous croyons pouvoir poser en principe, que le régime des courans dans la baie de Seine, est parfaitement conforme à la description que nous en avons donnée dans le chapitre Ier.

Examinons maintenant ce qui est relatif à la marche des alluvions.

Nous avons dit au commencement de ce mémoire, que depuis Villequier jusqu'à son embouchure, la Seine était remplie de bancs changeans et de bas-fonds dont l'étendue et la mobilité apportaient de nombreux obstacles à la navigation, et exposaient les navires qui fréquentent ces parages, aux plus grands dangers.

Les alluvions qui forment ces atterrissemens, sont charriées, d'une part, par le courant de la rivière, et de l'autre, par ceux de la mer montante, auxquels se joint l'action des vents régnans, dont la direction porte généralement en Seine. M. Pattu pense que cette dernière action n'a qu'une faible part dans la production de ce phénomène ; mais nous croyons au contraire, avec Lamblardie, qu'elle entre pour beaucoup dans l'effet produit, et nous allons le démontrer.

L'expérience, d'accord avec la théorie, prouve que c'est du côté de la mer que vient la plus grande quantité d'alluvions, et cela, dans un rapport que l'on n'a pas encore déterminé exactement, mais dont les termes diffèrent considérablement (1). Mais ces alluvions ne sont pas toutes de la même nature, et il importe de faire connaître en quoi elles diffèrent, et en quoi cette différence influe sur la manière dont elles sont apportées dans l'embouchure de la Seine.

Nous diviserons, en conséquence, les alluvions qui viennent de la mer, d'une part, en galets, gros graviers et gros sables, et de l'autre, en sables extrêmement ténus et matières terreuses ou vaseuses. Elles sont toutes le produit des débris des côtes qui avoisinent l'embouchure de la Seine, et des affluens qui versent leurs eaux directement à la mer dans ces parages.

Celles extrêmement légères, telles que les matières terreuses et les sables très fins, sont facilement soulevées et mises en suspension dans la masse fluide, par l'effet des lames et des courans ; elles deviennent alors le jouet de ces derniers, qui peuvent les transporter à de très grandes distances ; mais lorsque les eaux chargées de ces matières ralentissent leur mouvement par une cause quelconque, et lorsque le calme s'y rétablit, soit par la cessation du vent, soit parce qu'elles arrivent dans un endroit abrité, les matières se déposent, et forment des bancs. C'est ainsi que se sont en partie formés ceux qu'on voit entre Villequier et Honfleur, soit dans le moment de la mer étale, soit

---

(1) Voyez les trois mémoires de Lamblardie déjà cités et notamment ceux sur les côtes de la Haute-Normandie et le canal de Villequier.

lorsque le courant de la Seine se trouve momentanément en équilibre avec le courant de flot. Cette cause détermine d'ailleurs également le dépôt des alluvions que les eaux du fleuve tenaient de leur côté en suspension.

Quant aux galets, graviers et très gros sable, ils se rendent aussi dans l'embouchure de la Seine, et concourent pour beaucoup à la formation des bancs et autres atterrissemens qui s'y trouvent, mais leur marche n'est pas semblable à celle que nous venons de décrire.

Les courans n'ont point d'action immédiate sur les premiers (1). Plus difficiles à être soulevés par l'action des lames, que les matières que nous venons de considérer, on les trouve en général à de moindres distances du rivage. Les galets, les graviers et les gros sables, forment des zones parallèles aux côtes. Celle des galets est la plus rapprochée de leur pied ; celle des graviers vient ensuite, et celle des sables après celle-ci, lorsque des circonstances locales, telles que des bancs de roches, par exemple, ne s'opposent pas à la formation de leurs dépôts : car alors on ne rencontre les sables qu'au-delà de ces bancs.

Lorsque les lames sont assez fortes pour soulever ces matières, elles doivent alors marcher dans la direction des courans, dont la masse des eaux est alors animée ; mais ce mouvement n'est pas le seul qui leur soit imprimé, et il résulte de la décomposition des forces, qui a lieu, lorsque la direction des vents qui produisent les lames, n'est pas perpendiculaire à celle des côtes, que les galets doivent prendre également un mouvement parallèle à la direction de celle-ci. (Nous renvoyons à cet égard au Mémoire de Lamblardie, sur les côtes de la Haute-Normandie).

Le chemin parcouru par ces alluvions doit, en conséquence, être égal à la somme de ces deux effets, lorsque la direction des vents concourt avec celle des courans. Et dans le cas contraire, il ne doit

---

(1) Mémoire de Lamblardie sur les côtes de la Haute-Normandie, page 25.

être que leur différence. Enfin, on peut aussi conclure, de ces principes, que si les vitesses des courans de flot et de jusant étaient égales, et si les vents soufflaient alternativement avec la même force et pendant le même temps dans des directions formant entre elles un angle de 90°, les alluvions littorales seraient à peu près stationnaires.

Mais les choses ne se passent pas ainsi dans la localité dont il s'agit : les vents soufflent beaucoup plus long-temps et beaucoup plus fort dans la direction qui porte en Seine que dans toute autre. Les courans de flot aux abords des côtes comprises entre le cap d'Antifer et celui de la Hève, ont plus de vitesse et portent davantage sur la côte que ceux du jusant (1); enfin les vents régnans tendent aussi à imprimer à la mer un mouvement qui ajoute à la vitesse des courans de flot, et diminue celle des courans du jusant; en sorte que toutes les circonstances locales concourent à faire arriver une grande quantité d'alluvions littorales dans l'embouchure de la Seine, et que l'action des vents régnans, est, ainsi que nous l'avons dit plus haut, la principale cause qui produit cet effet.

Les phénomènes que nous venons de décrire sont d'ailleurs confirmés par l'expérience.

La pointe du Hoc est le produit des galets qui cheminent le long de la côte de Haute-Normandie, depuis le cap d'Antifer jusqu'à ce point, où leur marche se trouve en grande partie arrêtée; d'une part, parce que la direction de la côte se refuse à l'effet des vents régnans, et de l'autre, parce que les courans de jusant, auxquels se joint celui de la Seine ont, dans cet endroit, plus d'intensité et plus de durée que les courans de flot. Enfin les atterrissemens qui avoisinent cette pointe et une grande partie des bancs qui obstruent l'embouchure de la Seine sont le produit du broyement des galets qui la forment, et des autres débris de la partie des côtes situées au S. O. du cap d'Antifer;

---

(1) Extrait des mémoires de Lamblardie cités.

débris que l'on peut évaluer, d'après le Mémoire de Lamblardie, à environ 110,000 toises cubes par an !

Nous concluerons de ce qui précède, que les dépôts d'alluvions qui encombrent l'embouchure de la Seine s'accroissent sans cesse. Mais dans l'état actuel des choses il s'établit une espèce d'équilibre entre l'action de l'énorme masse d'eau qui parcourt cette embouchure quatre fois par 24 heures dans des directions opposées, et la tendance que les bancs ont à s'augmenter en hauteur; car si cette masse d'eau apporte avec elle des sables et des matières terreuses, elle en emporte aussi une grande partie, ou les force à se répandre dans les espaces vides que laissent entr'eux les bas-fonds.

Il nous reste maintenant à examiner ce qui a été respectivement dit par Lamblardie, et par M. Pattu, relativement à la propriété qu'ont le port du Hâvre et plusieurs autres points de la baie de Seine, de garder le plein de la mer pendant un temps plus ou moins considérable.

Trop de circonstances spéciales paraissent devoir concourir à la production de ce phénomène, pour qu'il soit possible d'en assigner positivement la cause. Nous ferons seulement observer :

Qu'il serait contraire aux lois de la nature d'admettre, avec M. Pattu, que l'action de la pesanteur puisse rester en équilibre pendant une heure et demie à deux heures, avec la force qui tend à faire monter la mer dans les ports et sur les côtes, quelles que soient d'ailleurs les causes qui produisent ce phénomène; et qu'en admettant même l'hypothèse de cet ingénieur, qui compare l'effet des marées à celui d'une boule qui remonte sur un plan incliné, cette force ne pourrait élever le niveau des eaux que tant qu'elle surpasserait celle de la pesanteur; et que celles-ci devraient commencer à descendre immédiatement après l'instant où les forces ci-dessus auraient été en équilibre.

L'état à peu près stationnaire du plein de la mer pendant un temps assez considérable est donc, selon nous, une nouvelle preuve de ce que nous avons dit plus haut, contre l'explication du phénomène des marées, donnée par M. Pattu.

Il est d'ailleurs facile de concevoir que si l'écoulement des eaux refoulées dans le fleuve par la marée montante, et l'effet du courant de jusant, qui forme un remouil dans la baie de Seine après avoir porté sur la côte de Basse-Normandie, n'entraient pour rien dans le phénomène que nous considérons, on devrait en observer un semblable au moment de la basse-mer; ce qui n'a pas lieu. L'explication qu'en a donnée Lamblardie, que nous avons rapportée dans le premier chapitre de ce Mémoire, et qui s'applique d'ailleurs au port d'Honfleur et aux embouchures des rivières situées à l'ouest de ce port, comme au port du Hâvre, nous paraît donc être beaucoup plus satisfaisante que celle de M. Pattu, et devoir être la seule qu'on puisse adopter jusqu'à présent.

CHAPITRE V.

Des effets du barrage-déversoir sur le régime des marées et la marche des alluvions.

Appliquons maintenant les principes que nous venons d'établir dans le chapitre précédent, à la recherche des effets que produirait la construction du barrage projeté, sur le régime dés marées et la marche des alluvions.

Un des premiers effets que produirait cette grande construction, serait, sans contredit, de diminuer sensiblement la vitesse des courans qui ont lieu dans l'embouchure de la Seine, soit de flot, soit de jusant. On n'y remarquerait plus alors que ce que les marins appellent des marées folles, c'est-à-dire des marées dont le courant a très peu d'intensité et change presque à chaque instant de direction.

Cette diminution dans la vitesse des courans et les causes qui la produiraient, occasioneraient aussi des modifications importantes dans le régime de ceux-ci : ainsi la ligne de séparation du courant principal, qui entre dans la Manche, et du courant secondaire qui s'en détache pour remplir la baie de Seine, laquelle passe maintenant à peu près par le cap de Barfleur et celui d'Antifer (1) irait couper la côte

(1) § 1er du Mémoire ayant pour titre : *Nouvelles considérations sur le Port du Hâvre*, etc.

de Haute-Normandie dans un point plus rapproché du cap de la Hève ; tandis que la résultante des forces qui agissent sur la masse des eaux du courant secondaire, viendrait rencontrer cette côte dans un point plus éloigné de ce cap que celui où elle arrive maintenant. Mais il est important de faire remarquer ici que l'on doit conclure du rapprochement successif des directions de ces deux lignes, que, quelles que soient les hypothèses que l'on fasse sur la position du barrage projeté, jamais le courant principal de la Manche ne pourrait venir rencontrer le rivage de la baie au sud du cap de la Hève ; et qu'il lui serait par conséquent plus impossible encore de suivre la direction que M. Pattu lui a assignée, page 17 de son Mémoire, et dans les notes qu'il y a jointes.

Les mêmes effets détermineraient aussi un changement dans la position du plan incliné, ou surface de pente qui s'établit du large vers la baie. Ce plan incliné se releverait d'une quantité d'autant plus considérable, que le vide à remplir serait moindre. Et par ce fait seul, la mer monterait davantage au Hâvre, qu'elle n'y monte maintenant. Mais cette cause ne serait pas la seule qui déterminerait une augmentation dans la hauteur des marées, soit dans ce port, soit dans les autres points situés vers le fond de la baie.

1° L'ondulation qui, dans l'état actuel des choses, se prolonge dans la rivière, et se fait sentir jusqu'aux environs du pont de l'Arche, serait arrêtée dans sa marche par le barrage : elle réagirait sur elle-même, et produirait un phénomène semblable à celui qui a lieu dans la baie de Cancale.

2° La vitesse acquise par la masse fluide, quelque diminuée qu'elle fût alors, serait encore, lorsque cette masse viendrait rencontrer le barrage, une nouvelle cause d'augmentation dans la hauteur des marées.

Trois circonstances concourraient donc à-la-fois, pour faire élever la mer dans le fond de la baie plus qu'elle ne s'y élève maintenant ; et, s'il est impossible de déterminer *à priori* quel en serait l'effet total, il suffit cependant de savoir que plusieurs quartiers de la ville du

Hâvre sont maintenant inondés dans les grandes marées, et que le niveau de beaucoup de terreins environnans est au-dessus du niveau de celles-ci, pour sentir combien il est important d'avoir égard aux changemens que le barrage pourrait occasioner sous ce rapport.

L'assertion que nous venons de mettre en avant est combattue trop vivement par M. Pattu, pour que nous ne citions pas des faits à l'appui de ce que nous venons de dire. En voici un que nous tenons de M. Sganzin, inspecteur-général des ponts-et-chaussées et des travaux maritimes, et de plusieurs autres personnes qui étaient à Boulogne-sur-Mer, lorsque l'on y construisit le barrage, qui sépare l'avant-port de la vallée de la Liane.

A peine cet ouvrage fut-il terminé, que l'on s'aperçut que la mer montait dans le port, de six à sept pouces plus haut qu'elle ne montait avant cette construction, et il paraît même que cette circonstance fut une des causes qui occasionèrent les avaries que ce barrage éprouva peu de temps après la fermeture définitive de la vallée.

Un fait de même nature est également arrivé dans le Morbihan.

Quelques particuliers, ayant eu besoin de barrer une des criques que forme la rivière d'Intelle, établirent une digue dont le sommet fut d'abord placé au niveau de la laisse des plus hautes mers; mais, dès que cet ouvrage fut terminé, et bien que l'on ne fût point alors à l'époque des plus grandes marées, le niveau de la mer s'éleva cependant au-dessus de cette limite, et plusieurs terreins qu'elle n'avait jamais recouverts furent inondés.

Tout en reconnaissant l'exactitude des conséquences que nous venons de tirer des principes que nous avons établis, et la vérité des faits que nous avons cités, quelques personnes penseront peut-être que nos craintes, relativement aux dangers que le port du Hâvre et ses environs pourraient courir par suite d'un accroissement dans la hauteur des marées, ne sont pas fondées.

Voici en effet l'observation qui nous a été faite à cet égard:

Le dessus du barrage projeté ne doit être établi qu'à la hauteur des marées cotées 0,97, dans l'Annuaire des longitudes. Le sol de la ville du Hâvre et de ses environs est au-dessus du niveau de ces marées ; et, lors même qu'elles atteindraient une plus grande hauteur par suite de la construction du barrage, il n'est pas probable que cette hauteur pût dépasser celles des grandes marées d'équinoxes : ainsi la ville et ses environs n'auraient rien à craindre de cet effet. Quant aux marées plus fortes que celles cotées à 0,97, rien ne serait changé dans leur régime, puisqu'elles passeraient par-dessus le barrage, et pourraient s'étendre dans la partie supérieure du fleuve, comme elles le font maintenant.

Quelques lignes suffiront pour démontrer que ce raisonnement ne doit point rassurer contre les effets que nous avons annoncés.

D'abord nous ferons remarquer que le fait qui lui sert de base ne peut avoir d'influence que sur la première cause d'augmentation dans la hauteur des marées que nous avons signalée ci-dessus (le relèvement du plan incliné), et que la hauteur du barrage, tel qu'il est projeté, serait plus que suffisante pour que l'obstacle qu'il opposerait au mouvement de transmission des ondes et à la vitesse acquise des eaux déterminât des réactions dans la masse fluide, et en élevât la superficie à une hauteur plus considérable que celle qu'elle atteint dans l'état actuel des choses.

Mais, en ne prenant même en considération que la première partie du phénomène, il est encore facile de prouver que cette augmentation de hauteur peut avoir lieu, lors des grandes marées, quoique le dessus du barrage ne soit établi qu'au niveau de celles cotées 0,97. Il suffit, en effet, pour que les choses se passent ainsi, que la surface du plan incliné qui s'établit du large vers le fond de la baie, n'ait pas encore atteint ou ne fasse qu'affleurer l'arrête supérieure du barrage, lorsque le sommet de l'ondulation qui produit le maximum de hauteur d'eau, ou la pleine mer, arrive à ce point.

Or, on peut regarder cette hypothèse comme démontrée,

1° D'après le fait cité plus haut, que les courans de flot, dans une baie ou un canal, conservent leur direction, bien que le niveau de la mer s'abaisse; ce qui prouve que la marche de l'ondulation est plus rapide que l'accroissement de hauteur dû seulement au déversement des eaux.

2° D'après des observations dont nous ne garantissons pas, à la vérité, l'exactitude, mais qui sembleraient prouver que, dans l'état actuel des choses, le sommet du plan incliné qui s'établit entre le courant principal et le fond de la baie est plus élevé d'environ quatre pieds deux pouces que le point de cette surface qui correspond à l'emplacement du barrage. (1)

Cette différence diminuerait, il est vrai, lorsque le barrage serait construit, mais en supposant même qu'elle se réduisît à 3 pieds, on voit qu'elle serait encore assez considérable, pour que la surface du plan incliné ne pût jamais atteindre l'arrête supérieure du barrage, même dans les plus grandes marées. Enfin, quand même cela aurait eu lieu, ce plan incliné n'en irait pas moins rencontrer la surface des eaux soutenues en amont du barrage, et cet obstacle l'obligerait encore à se relever.

Passons maintenant à l'examen de ce qui aura lieu par rapport aux alluvions.

Nous avons démontré dans le chapitre précédent, que les dépôts qui encombrent l'embouchure de la Seine tendent sans cesse à s'accroître, et que le seul effet des courans de flot et de jusant, qui ont lieu chacun deux fois par vingt-quatre heures, les maintient à un niveau à-peu-près constant. Mais n'est-il pas évident que cet équilibre cesserait dès que le barrage projeté par M. Pattu serait construit, que rien ne s'opposerait alors à l'exhaussement des bancs, et, enfin, qu'au-

---

(1) Cette quantité (4 pieds 2 pouces) a été calculée d'après les données contenues dans les § 24 et du 25 du troisième mémoire de Lamblardie que nous avons cité dans le 1er chapitre.

cune cause ne contribuerait à diminuer la masse des alluvions qui arrivent à l'embouchure de la Seine.

Ces alluvions seraient, ainsi que nous l'avons dit, poussées dans le fond de la baie par l'action des vents régnans. Quant à celles que la mer tient en suspension, elles y arriveraient en même quantité, et s'y déposeraient avec d'autant plus de facilité que la vitesse des courans serait considérablement diminuée. M. Pattu dit lui-même (page 2 des développemens ou complémens de plusieurs passages de son Mémoire); que l'un des premiers effets de la construction du brise-lame serait de produire un immense atterrissement en amont de cet établissement, et que six mois ne s'écouleront pas sans qu'on y voie assécher un banc continu, une langue de terre occupant tout l'intervalle compris entre les deux passes de ce *brise-lame*. Que serait-ce donc de l'atterrissement qui se formerait en aval, puisque nous avons reconnu, et M. Pattu le dit également, que la majeure partie des alluvions vient de la mer?

La rapidité avec laquelle la baie s'encombrerait serait effrayante! Le port d'Honfleur en serait la première victime, et l'on n'y arriverait plus qu'à travers un Delta, dont les passes étroites et sinueuses seraient impraticables, même aux bâtimens caboteurs du plus faible tirant d'eau. Le fond de la baie serait successivement envahi par les vases, les sables et les galets, de telle sorte que les navires qui manqueraient l'entrée du Hâvre par des vents forcés venant du large, et qui se réfugient maintenant dans la Seine, seraient exposés à un naufrage inévitable. La petite rade du Hâvre serait également un des points dont la profondeur diminuerait très promptement, par suite de la diminution d'intensité du courant qui la traverse; enfin, ce port lui-même deviendrait, à son tour, impraticable aux grands bâtimens, après un laps de temps que nous ne pouvons déterminer, mais qui n'est pas, à beaucoup près, aussi considérable que quelques personnes paraissent le croire.

Et qu'on ne pense pas que l'effet des eaux de la Seine, qui s'écouleraient, soit par les deux pertuis pratiqués dans le barrage, soit par-dessus son couronnement, pût s'opposer efficacement aux désastres que nous annonçons; cette ressource serait insignifiante, et il suffit, en effet, de comparer d'une part la quantité d'eau que cette rivière produit à celle qui remonte maintenant dans son lit par l'effet des marées, et, de l'autre part, de bien connaître l'effet des écluses de chasses, pour en être convaincu.

L'action des écluses de chasses est, en général, très puissante, lorsqu'elles agissent sur des alluvions qui découvrent à basse-mer; mais l'expérience, d'accord avec la théorie, prouve que lorsqu'elles agissent au-dessous de ce niveau, leur effet diminue sensiblement, et qu'il se trouve même quelquefois réduit à rien, quand la masse d'eau dans laquelle elles débouchent, est beaucoup plus considérable que celle débitée par l'écluse, et pour peu que les alluvions aient d'ahérence entre elles, ou qu'elles soient difficiles à mettre en suspension dans la masse fluide, ce qui est précisément le cas de la localité dont il s'agit ici.

Dans tous les cas, le point où l'action des écluses de chasses cesse d'agir, n'est pas à une très grande distance de celui d'où partent les eaux. Leur effet principal est de creuser le sol entre ces deux points, et de transporter les matières qu'elles ont déplacées, vers le premier, où elles se déposent, et forment un bourlet, qui serait peut-être plus dangereux pour les navires que l'exhaussement du chenal, si une autre cause ne tendait pas à en abaisser le sommet. Cette cause est le courant de flot qui passe généralement à la tête des jetées des ports où l'on a construit des écluses de chasses, lequel, aidé de l'action des lames, entraîne les matières qu'elles apportent sous le vent de ces ports. Mais ici, il n'y aurait, ni courant, ni action des lames pour enlever ce bourlet, et celles-ci tendraient, tout au plus, à reporter les matières qui le formeraient vers le point d'où elles auraient été enlevées.

Ces considérations suffiront, sans doute, pour donner la mesure de ce que l'on doit attendre de l'effet des pertuis en question; et si l'on fait attention,

1° Que leur section totale ne pourrait différer beaucoup de la section moyenne de la Seine au-dessus du Pont-de-l'Arche lors de l'étiage; puisqu'ils ne doivent débiter que la quantité d'eau nécessaire pour que le niveau de ce fleuve ne descende jamais au-dessous de l'arrête supérieure du barrage;

2° Que les courans qui s'établiraient dans ces pertuis, n'auraient d'effet sensible que lorsque le niveau des eaux en aval ne serait pas beaucoup au-dessus de celui des basses-mers, c'est-à-dire pendant deux heures au plus.

On concevra sans peine que l'effet des pertuis et du déversoir, ne pourrait être autre que celui indiqué ci-dessus; savoir : de produire dans le voisinage de cet établissement, quelques affouillemens dont le fond irait en se relevant vers le large, et formerait un bourlet à peu de distance de cet ouvrage; bourlet qu'aucun courant ne tendrait à détruire, et qui deviendrait bientôt un obstacle insurmontable pour les navires qui voudraient approcher du barrage.

La baie de Seine serait donc totalement perdue par l'effet de la construction du barrage projeté; et si les raisonnemens sur lesquels nous nous sommes appuyés ne suffisent pas pour en convaincre, nous appellerons à notre aide l'expérience, cette grande pierre de touche de toutes les théories, dont les témoignages sont irrécusables.

Les lois de la nature ont cela de remarquable, qu'elles sont indépendantes des grandeurs absolues des choses et des lieux sur lesquels elles agissent, pourvu que les rapports et les situations respectives de ces choses et de ces lieux soient les mêmes : ainsi, il suffit qu'une baie ou crique quelconque se trouve, par rapport aux courans qui la parcourent, dans la même situation que la baie de Seine, pour que les phénomènes qui s'y passeront ne diffèrent de ceux qui ont lieu dans celle-ci, que du petit au grand; et, *vice-versa*, lorsqu'on fera subir à cette baie ou crique une modification qui détermine quelques changemens dans le régime des phénomènes qui s'y passaient; on peut affirmer que des modifications pareilles apportées dans la baie de Seine, ameneraient des changemens semblables dans le régime des phénomènes qu'on y observe.

Or, les côtes de France, et particulièrement celles de la Bretagne, nous offrent une foule de rivières, de baies ou de criques, qui, avec des dimensions qui peuvent varier dans le rapport de cent mille à un et peut-être même davantage, en les comparant à celles de la baie de la Seine, sont cependant dans des situations semblables à celles-ci, en les considérant sous le rapport du gisement de leurs rivages, des affluens qui y versent leurs eaux, et des courans de marées. Ces petites baies ou criques ont cela de particulier, que beaucoup d'entre elles ont été barrées à une certaine distance de leur embouchure, pour former des retenues qui se remplissent au moyen des eaux de la mer montante et de celles que produisent les affluens qui y débouchent, lesquels servent à faire tourner des moulins lorsque la mer est basse. Et sous ce point de vue, elles peuvent servir à donner une idée de ce qui se passerait dans la baie de Seine, si l'on exécutait le projet de M. Pattu.

Toute la partie inférieure de ces baies ou criques, ainsi barrées, est encombrée de vases ou d'alluvions diverses, à tel point, que très peu d'années après la construction des barrages, il serait impossible d'y faire flotter un canot dans les plus grandes marées; et qu'il n'y existe qu'un petit chenal extrêmement sinueux, bien que les eaux qui s'échappent des retenues doivent produire, comme écluses de chasses, le plus grand effet possible, puisqu'elles agissent sur un sol qui se trouve généralement au-dessus du niveau des basses mers.

Lorsque les criques dont nous parlons sont reculées dans l'intérieur de baies plus considérables ou de rivières qui débouchent directement à la mer, les alluvions qui les remplissent sont en général composées de vases et de sables très fins. Lorsqu'au contraire, elles sont plus rapprochées des côtes maritimes, et que celles-ci produisent des galets et des graviers, ces alluvions viennent s'appuyer contre les barrages, y forment des pouliers que l'on appelle dans le pays *sillons*; lesquels finissent souvent par encombrer tellement le chenal des moulins, que l'on est obligé d'abandonner ces établissemens, ou de les reporter plus en avant (Art. 16 du mémoire de Lamblardie sur le port du Hâvre).

La rade de Brest offre plusieurs exemples de ces sillons, formés dans des anses voisines de côte, qui produisent des galets. Ces dépôts sont en tout semblables à celui que l'on remarque à la pointe du Hoc, dans la Seine. Mais à Brest, les courans qui s'opposent à leurs progrès, sont très faibles relativement à la quantité d'alluvions qui arrivent. En sorte que celles-ci forment très promptement une espèce de digue ou barrage naturel, que l'on serait tenté de prendre pour l'ouvrage des hommes, si l'examen des localités et les traditions ne prouvaient pas le contraire. A peine les sillons sont-ils formés, qu'ils produisent, par rapport aux autres alluvions, le même effet qu'un barrage construit par l'art; et que celles-ci se déposent en abondance dans la partie de l'anse comprise entre le sillon et le courant principal qui passe en dehors de la ligne tirée par les deux points extrêmes de ses rives.

Les phénomènes que nous venons de décrire ont été observés à Lorient en 1816, par une commission chargée par S. Ex. le ministre de la marine et M. le directeur-général des ponts-et-chaussées, d'examiner s'il convenait de continuer la construction du pont Saint-Christophe, sur le Scorff, tel qu'il avait été projeté quelques années avant. (1)

Ce projet consistait à barrer cette rivière à environ deux mille mètres au-dessus du port de Lorient, et à établir sur la rive gauche, à l'une des extrémités de ce barrage, un petit pont éclusé de trois arches ayant chacune cinq mètres d'ouverture. Ce faible débouché devait servir à l'écoulement des eaux du Scorff et de celles contenues dans une large

(1) Cette commission était composée de MM. Sganzin, inspecteur-général des ponts-et-chaussées; Roussigné, inspecteur-divisionnaire; Pion, ingénieur en chef du Morbihan; Rapatel, ingénieur en chef du département de la Seine-Inférieure; Geoffroy, directeur des constructions navales; Dénéausse de la Batut, capitaine de vaisseau, directeur du port; et Lamblardie, auteur du présent mémoire, ingénieur des ponts-et-chaussées, directeur des travaux maritimes.

vallée dans laquelle la mer remonte jusqu'à environ trois lieues du point où le barrage devait être établi ; il eût été évidemment insuffisant.

On avait d'ailleurs commencé les travaux par la construction du barrage, qui, à l'époque dont nous venons de parler (1816), était poussée à-peu-près à moitié de la largeur de la rivière. Les fonds ayant manqué, les choses étaient restées dans cet état; mais on s'était bientôt aperçu que la partie du barrage construite, avait déjà produit des attérissemens considérables en aval; et cette circonstance fit concevoir, avec raison, des craintes sérieuses pour l'existence du port de Lorient, si l'exécution de ce projet était continuée. Tels furent au moins les principaux motifs que nous fîmes valoir dans un mémoire rédigé à cette époque, pour demander son abandon, et qui parurent suffisans pour déterminer l'autorité supérieure à faire examiner cette question par la commission dont nous venons de parler.

Elle reconnut, nous le répétons, l'exactitude des faits ci-dessus mentionnés, et tous les effets que nous avons indiqués dans les anses qui avoisinent le port et la rade de Lorient. Elle reconnut enfin que la construction du barrage, en détruisant les courans de flot et du jusant qui entretiennent maintenant la profondeur du port de Lorient, eût amené inévitablement l'envasement de ce port; et ne pouvant songer à la destruction de la portion de ce barrage déjà construite, elle proposa de laisser les choses *in statu quo*, et de franchir la portion de la rivière non encore barrée, au moyen d'un pont en charpente qui laisserait aux courans la faculté d'agir comme dans l'état où ils se trouvaient alors. Enfin ces conclusions furent unanimement adoptées par le Conseil général des ponts-et-chaussées; et l'on renonça définitivement à barrer la rivière du Scorff.

Quant à la recherche de l'effet que produirait le barrage-déversoir sur la propriété dont jouit actuellement le port du Hâvre, de garder son plein pendant une heure et demie à deux heures, nous nous bornerons à rappeler ce que nous avons dit de ce phénomène dans le chapitre précédent.

L'explication qu'en a donnée Lamblardie nous paraissant la seule admissible, nous devons naturellement en conclure qu'un obstacle interposé entre ce port et la partie supérieure de la Seine lui ferait perdre, au moins en grande partie, cet immense avantage; puisque, d'une part, les eaux de la mer n'entreraient plus dans le lit du fleuve, et que, de l'autre, le remouil formé par la rencontre du courant de jusant avec la côte de Basse-Normandie, n'aurait plus à soutenir la masse d'eau qui s'en écoule maintenant à marée baissante.

Après avoir fait connaître les effets du barrage-déversoir par rapport à l'embouchure de la Seine et aux ports du Hâvre et d'Honfleur, il nous reste à présenter quelques observations sur les effets qu'il produirait en amont.

Peut-on raisonnablement penser, avec M. Pattu, que les courans qui s'établiraient par les deux pertuis pratiqués aux extrémités de cet ouvrage, suffiraient pour nettoyer le lit de la Seine, de l'immense quantité d'alluvions déposées entre Honfleur et Villequier? Peut-on même croire qu'ils suffiraient à l'évacuation des matières que la Seine apporterait journellement? Non sans doute, et cet ingénieur en convient tacitement lui-même, lorsqu'il parle des attérissemens que produirait la construction du brise-lame.

Ces matières sont, à la vérité, en quantité beaucoup moins considérables que celles qui viennent de la mer; mais la construction du barrage diminuerait sensiblement la vitesse du courant de la Seine, depuis le point où l'on projette de l'établir, jusqu'aux environs de Quillebœuf. Souvent même cette vitesse serait nulle, et quelquefois rétrograde; ainsi, non-seulement toutes les alluvions que la Seine charrie, et dont une partie se rend maintenant au-delà d'Honfleur et peut-être plus loin, se déposeraient en amont du barrage, mais encore celles que tiendrait en suspension la portion des eaux des marées cotées plus de 0,97 dans l'Annuaire des longitudes, qui s'introduiraient dans la Seine.

Il faudrait, en conséquence, approfondir par un curage spécial la partie de la rivière comprise entre le barrage et Villequier, pour que les grands bâtimens puissent y naviguer sans danger ; et il faudrait de plus entretenir cette profondeur au moyen d'un curage annuel dont la dépense ne laisserait pas que d'être considérable.

Enfin, un autre inconvénient de la construction du barrage, qui se ferait sentir à l'amont de cet établissement, serait la suppression du courant de flot, dont les bâtimens profitent maintenant lorsqu'ils veulent remonter à Rouen.

M. Pattu a bien senti l'importance de cette considération, et c'est dans le but de ne pas se priver entièrement de cette ressource, qu'il a proposé de n'établir le dessus de son barrage qu'à la hauteur des marées cotées 0,97 dans l'annuaire des longitudes, afin, dit-il, que les navires puissent profiter des dernières portions de flot pour remonter la Seine.

Mais nous ferons observer qu'on serait toujours totalement privé de ce courant dans les mortes-eaux, dans les vives eaux qui n'atteindraient pas la cote de 0,97, et dans celles qui ne la dépasseraient que faiblement ; et enfin, que l'effet de transmission du mouvement des ondes étant détruit par le barrage, les marées ne se feraient plus sentir dans la Seine, que par le déversement de leurs eaux par-dessus ce grand ouvrage, déversement qui n'aurait lieu moyennement que pendant environ une heure, et dont le courant n'influerait qu'à une très petite distance du barrage ; distance qu'on ne suppose pas même devoir atteindre Quillebœuf, puisque, dans l'état actuel des choses, les courans ne dépassent pas ce point dans les mortes-eaux.

L'avantage qu'on retirerait en établissant le dessus du barrage au niveau en question, serait donc, à très peu de chose près, nul ; et l'inconvénient que nous avons signalé subsisterait dans toute sa force, au moins pendant les 11/12 de l'année.

CHAPITRE VI.

Examen du projet de faire contourner le port du Hâvre par le canal de Vauban, et de lui ouvrir une nouvelle entrée sous l'Épi-Saint-Roch.

« Le Hâvre pourra obtenir, sans dépenses considérables, dit M. Pattu (1), une nouvelle passe et d'autres facilités pour la marine marchande et la marine militaire, au moyen d'un autre bras de la Seine creusé au pied de la côte d'Ingouville, et jeté à la mer vis-à-vis la petite rade près de l'Épi-Saint-Roch.

« Cette nouvelle entrée fournirait aux navires du plus grand tirant-d'eau, une libre circulation, à toutes les marées ; peut-être même deviendrait-il possible d'y conserver assez d'eau de basse mer pour qu'au moyen d'une écluse ils jouissent, en tout temps, de cet avantage. (2)

« Ces résultats s'obtiendraient (3) en élevant simplement deux massifs de maçonnerie à la laisse de haute-mer, pour fixer invariablement

(1) Page 19 de son Mémoire.

(2) Page 5 des observations de M. Bunel, qui termine le Mémoire de M. Pattu.

(3) Page 15 de son Mémoire.

la passe dans cet endroit; et enfin cette extension du projet de barrage-déversoir hâterait la séparation du port du Hâvre, que M. de Lamblardie avait entrevue dans l'art. 51 de son Mémoire sur les côtes de la Haute-Normandie. »

Nous sommes loin de penser que de pareils résultats pussent être obtenus avec des moyens aussi simples et aussi peu dispendieux que ceux annoncés. Nous pensons, au contraire, qu'indépendamment des déblais considérables qu'il faudrait faire à travers des propriétés d'une grande valeur, l'établissement de la nouvelle passe exigerait en outre des travaux immenses qui, dans tous les cas, seraient loin de procurer les avantages que M. Pattu en espère.

Nous allons examiner successivement ce projet sous ces divers points de vue; mais, d'abord, nous ferons remarquer que, loin de chercher à hâter la séparation prévue par Lamblardie, on devrait, au contraire, tâcher d'en reculer l'époque, le plus possible.

Voici, en effet, comment cet ingénieur s'exprime dans son Mémoire sur les côtes de la Haute-Normandie (art. 51, page 39).

« Les jetées et les autres ouvrages d'art construits pour l'établissement du port du Hâvre, offrent un point d'appui fixe à l'une des extrémités de la digue de galet qui protège la ville et le faubourg d'Ingouville, tandis que l'autre extrémité tenant au cap de la Hève se reculera à mesure que ce cap sera détruit. Il s'ensuit que, dans un temps, à la vérité très éloigné, la ville du Hâvre sera contournée par la mer qui s'ouvrira, entre elle et la côte d'Ingouville, un passage pour se joindre plus directement à la Seine, entre la paroisse de L'heure et la pointe du Hoc. Alors le cours du galet sera changé, l'entrée du port du Hâvre n'en sera plus comblée; elle deviendra plus facile et plus profonde, et, *si l'on peut conserver cette île, malgré les efforts de la mer qui l'attaquera de toutes parts*, elle offrira un des ports les plus commodes de la côte. »

Or, il est naturel de conclure de ce qu'on vient de lire :

1° Que si le port du Hâvre retirait, à la vérité, quelques avantages de sa séparation du continent, ceux-ci seraient plus que compensés par les dangers qui compromettraient alors son existence à chaque instant, malgré tous les efforts que l'art pourrait faire pour l'en préserver.

2° Que le projet de M. Pattu hâterait effectivement l'isolement du port du Hâvre, en creusant à l'avance le nouveau lit que la destruction du cap de la Hève tend à donner à la Seine, mais qu'il ne procurerait pas à l'entrée actuelle de ce port les avantages annoncés par Lamblardie, puisque ce nouveau lit serait nécessairement fermé par un barrage établi à quelque distance en amont des jetées, si l'on voulait l'utiliser comme chenal d'un port.

3° Que quels que fussent les ouvrages que l'on construisît pour l'établissement de la nouvelle passe, ils n'influeraient en aucune manière sur la destruction du cap de la Hève, qui finirait toujours par permettre à la mer de les contourner, et rendrait alors complètement inutiles les dépenses que leur construction aurait occasionées.

Passons maintenant à l'examen des autres considérations :

Ce n'est pas la première fois que l'on a proposé une nouvelle entrée pour le port du Hâvre, précisément dans l'endroit indiqué par M. Pattu. Cette question a été mûrement examinée lors de la discussion des projets relatifs à l'amélioration de ce port ; et l'on peut voir dans les nombreux Mémoires rédigés à cette époque, et notamment dans le second de ceux dont nous avons cité quelques passages au commencement de cet écrit, que la direction de la passe actuelle a été généralement reconnue la meilleure, et que l'on n'eût rien gagné, ni à la changer, ni à reporter cette passe ailleurs.

Il faudrait donc bien se garder, en supposant même que l'on adoptât le projet de M. Pattu, de changer cette direction ; toute autre serait moins favorable aux manœuvres des navires ; et si on dirigeait cette passe, comme le propose cet ingénieur, de 45° degrés plus vers le nord, le chenal deviendrait impraticable, pour peu que les vents de N.O. qui sont ceux qui règnent le plus fréquemment dans ces parages, fussent capables d'agiter la mer. Enfin il conviendrait également de laisser à cette passe au moins une largeur égale à celle de l'entrée actuelle, c'est-à-dire environ 66 mètres.

Mais il ne suffirait pas de construire simplement deux massifs en maçonnerie à la laisse de haute mer, pour que le nouveau lit que l'on donnerait à une partie de la Seine, pût servir de chenal aux navires qui voudraient entrer, soit dans ce fleuve, soit au Hâvre. Quiconque possède les moindres notions sur cette matière, concevra sans peine qu'il faudrait nécessairement créer en arrière de ces massifs, un avant-port d'une superficie au moins égale à celle de l'avant-port actuel du Hâvre, pour que les manœuvres des navires sortans et entrans pussent s'effectuer sans danger; qu'il faudrait aussi creuser à côté de cet avant-port un bassin de retenue pour recevoir les eaux de la Seine, communiquant avec celui-ci par des écluses de chasse convenablement disposées; puisque sans cette précaution, et si la Seine débouchait immédiatement dans le chenal par un canal de plusieurs lieues de longueur, l'effet du courant de cette rivière, pour le nettoyer, se réduirait à fort peu de chose. On concevra enfin, que la prudence exigerait que l'on mît ces ouvrages à l'abri des attaques de l'ennemi, et que leur extrême rapprochement de la côte d'Ingouville, influerait nécessairemen sur la difficulté d'établir des fortifications, et sur la dépense qu'elles occasioneraient.

L'esquisse succincte que nous venons de faire des travaux qu'il serait indispensable d'exécuter pour que la nouvelle passe projetée, pût remplacer celle qui existe, suffit pour démontrer que ce ne serait pas *sans dépenses considérables* que l'on parviendrait à l'établir convenablement. Elle ne serait d'ailleurs ni plus commode ni plus profonde que l'entrée actuelle; puisque l'on pourrait également, et à beaucoup moins de frais, faire arriver une partie des eaux de la Seine, dans les retenues actuelles, et augmenter le volume des chasses destinées à approfondir cette entrée; enfin ces travaux auraient, comme nous l'avons dit, l'inconvénient de pouvoir hâter la séparation de la ville du Hâvre d'avec le continent, et dans tous les cas, d'avoir été faits en pure perte lorsque cette catastrophe arrivera. Ainsi nous pensons que, lors même que l'on exécuterait le barrage-déversoir, la création d'une nouvelle passe pour le port du Hâvre serait complètement inutile, et présenterait en définitive beaucoup plus d'inconvéniens que d'avantages.

Il ne faut pas d'ailleurs se faire illusion sur l'accroissement de puissance que les écluses de chasse recevraient par suite de l'augmentation du volume d'eau qu'elles pourraient dépenser.

Nous allons entrer à cet égard dans quelques développemens qui nous paraissent d'autant plus importans qu'ils sont applicables à toutes les questions de même nature.

Les dimensions des écluses de chasse et des bassins de retenue destinés à les alimenter, doivent se calculer d'après la largeur du chenal à entretenir et d'après la nature et la quantité des alluvions qui l'encombrent.

Toutes choses égales d'ailleurs, quant aux largeurs de l'écluse et du chenal, l'effet des chasses sur le fond de ce chenal et sur les dépôts d'alluvions qui en encombrent l'entrée, sera en raison inverse de la densité multipliée par le volume des matières qui les composent et de la force d'agglomération qu'elles auront entre elles, et en raison directe de la hauteur de chute de l'écluse, dont le maximum est la différence du niveau des eaux dans la retenue avec celui des basses mers, et enfin en raison directe de la durée des chasses.

Mais le dernier effet, celui dû à la durée des chasses, qui dépend elle-même de la grandeur des bassins de retenue, sera toujours renfermé dans de certaines limites ; car, lorsque le fond du chenal aura atteint la forme qui lui conviendra, pour que sa résistance soit en équilibre avec la force du courant, la durée des chasses, quelle qu'elle soit alors, n'ajoutera rien à sa profondeur.

Or, en admettant, comme ci-dessus, que les largeurs du chenal et de l'écluse soient dans un rapport convenable, la limite de l'approfondissement de ce chenal dépendra principalement de la hauteur de chute des chasses.

Donc, premièrement : les dimensions d'une écluse de chasse étant une fois déterminées, d'après celles du chenal que l'on veut approfondir et entretenir, et d'après la résistance des matériaux qu'il faut enlever, il suffira de donner à la retenue destinée à l'alimenter, des dimensions telles, que le courant qui s'établira dans cette écluse, conserve la force dont il sera susceptible pendant un temps un peu plus considérable que celui nécessaire à l'enlèvement des alluvions qui peuvent être apportées dans ce chenal, dans l'intervalle d'une chasse à l'autre. Si ce temps était moindre que celui nécessaire pour enlever ces dépôts, le chenal continuerait de s'encombrer ; s'il était précisément égal, les dépôts disparaîtraient, mais le fond naturel du chenal ne s'approfondirait pas ; enfin s'il excède cette limite, le chenal atteindra d'autant plus promptement le maximum de profondeur que les chasses seront susceptibles de lui donner, que cet excédent de durée sera plus considérable.

Donc, secondement : le seul moyen d'approfondir davantage un chenal, au moyen d'une écluse de chasse, dont les dimensions en largeur sont toujours supposées calculées comme il a été dit ci-dessus, est d'en augmenter la hauteur de chute.

Appliquons ces principes à la question qui nous occupe :

Les écluses de chasse construites jusqu'à ce jour au Hâvre, n'ont pas produit tout l'effet qu'on en attendait : le chenal n'a pas été sensiblement approfondi, et l'on est souvent obligé d'enlever à bras d'hommes et avec des voitures, le poulier que le galet forme à la tête de la jetée du N.O.

Cela tient à ce que l'ensemble de ces écluses n'est pas encore complet ; à ce que leur largeur n'est probablement pas dans un rapport convenable avec celle du chenal ; et, enfin, à ce que la durée des chasses n'est pas suffisante pour enlever tout le galet que la mer apporte journellement à la tête de la jetée.

La masse d'eau qui alimente ces écluses est évidemment trop faible; et il est également évident que, si l'on augmentait cette masse d'eau, en mettant les bassins de retenue en communication avec le vaste réservoir que formerait le barrage de la Seine, on obtiendrait des effets plus satisfaisans.

Mais cette surabondance d'eau donnerait-elle à l'entrée actuelle du port du Hâvre ou à celle que projette M. Pattu, la grande profondeur qu'il espère lui procurer?

C'est ce que nous ne pensons pas, et ce que nous allons essayer de prouver?

Nous ferons remarquer, à cet égard, que, quelle que fût la quantité d'eau dont on pourrait disposer, il serait impossible d'augmenter la hauteur de chute actuelle; puisque, d'après la disposition même du barrage-déversoir projeté, la limite de cette chute serait comprise entre le niveau des hautes mers de vive-eau moyenne et celui des basses mers de vive eau d'équinoxe.

Cette considération est très importante en ce qu'elle nous donne le moyen de nous faire une idée de la profondeur que le chenal pourrait atteindre par l'effet des chasses.

Cet effet se complique, il est vrai, de trop d'élémens divers pour qu'il soit possible de déterminer par le calcul, quelle est la limite de profondeur qu'une écluse donnée pourrait faire atteindre au chenal qu'elle serait destinée à entretenir; mais on peut tirer de ce qui se passe dans les ports où il existe de semblables établissemens, des inductions qui permettent de l'apprécier assez exactement.

On sait, par exemple, qu'à Dieppe où la hauteur de chute moyenne du courant des chasses, est plus considérable qu'au Hâvre, puisqu'il monte dans le premier port six à sept pieds d'eau de plus que dans le second; où la durée moyenne de ce courant est de deux heures, sur lesquelles il ne faut en compter qu'une avec une grande intensité, pendant laquelle l'écluse débite environ 160 mètres cubes d'eau par seconde; où la nature des alluvions est à peu de choses près la même qu'au Hâvre; où enfin la largeur du chenal est d'environ 40 mètres, l'effet de ces chasses est de produire à la suite de l'avant-radier de l'écluse un affouillement de 12 à 15 pieds de profondeur, dont le fond se relève ensuite en allant vers la laisse de basse mer. Qu'à ce point les matières poussées par le courant forment un bourlet qui s'élève quelquefois au-dessus du niveau de cette laisse, mais qui disparaît ensuite par l'effet du courant de flot et des vents régnans. En sorte que le fond du chenal à la tête des jetées n'est jamais sensiblement au-dessous des basses mers de vives-eaux.

Dans cette localité la durée et la puissance des chasses est évidemment suffisante pour déblayer le chenal de toutes les alluvions que la mer y apporte, et leur effet ne va pas au-delà. En augmentant cette durée on augmenterait probablement la profondeur de ce chenal; mais si l'on considère, d'une part, que l'effet de la marée montante s'oppose à ce que cet accroissement de durée soit de plus d'une heure à une heure et demie, pour que le courant conserve assez d'action pour agir sur le fond du chenal, et, de l'autre part, que la puissance du courant des chasses, lorsqu'il agit au-dessous du niveau de basse mer, est considérablement diminuée par l'inertie de la masse d'eau qu'il rencontre, on concevra que la limite d'abaissement du chenal de Dieppe, si l'on n'augmentait pas la chute des écluses ne serait pas beaucoup au-dessous de son fond actuel, et que l'on se flatterait en vain de l'approfondir assez, pour que les navires pussent jamais y entrer à toute heure.

Une simple proportion nous indique que pour produire un effet semblable au Hâvre, dont le chenal a 66 mètres de largeur, il faudrait, en supposant même que la chute du courant fût aussi considérable qu'à Dieppe, que les écluses débitassent 264 mètres cubes d'eau par seconde.

Cette quantité d'eau est tout au plus celle que l'on pourrait tirer habituellement du réservoir établi dans la Seine, puisque le produit de cette rivière, mesuré au Pont de l'Arche, est d'environ 400 mètres cubes par seconde, dans les eaux moyennes, et qu'il faudrait nécessairement en distraire au moins la moitié pour entretenir le chenal du port d'Honfleur et celui des deux pertuis pratiqués aux extrémités du barrage projeté. Ainsi l'effet que produirait un bras de la Seine s'il était conduit, soit dans le chenal actuel du port du Hâvre, soit dans la passe projetée sous St.-Adresse, ne serait autre que celui qui aurait lieu dans le port de Dieppe, si l'on y doublait la durée des chasses.

Un plus grand volume d'eau n'ajouterait rien ici à la profondeur du chenal, et permettrait seulement de lui donner plus de largeur (1). Et lorsqu'on sera parvenu à donner aux chasses du port du Hâvre la quantité d'eau et la durée que nous venons d'indiquer, avec des écluses convenablement disposées, on aura, d'après les principes établis ci-dessus, et parce qu'il est impossible d'augmenter la chute du courant, procuré à ce port toutes les ressources que l'on peut attendre de ce moyen. Son chenal arriverait alors au maximum de profondeur qu'il est susceptible d'atteindre; mais ce maximum serait toujours, ainsi que nous l'avons dit, fort loin de pouvoir permettre aux navires d'y entrer à marée basse.

C'est à ce seul avantage que se réduirait la construction du barrage-déversoir, sous le rapport de l'approfondissement du chenal du port du Hâvre. Il est important sans doute ; mais indépendamment de ce

---

(1) Cette assertion peut paraître paradoxale, car il est incontestable que plus on augmente le volume d'eau qui passe par un canal d'une section donnée, plus on augmente la vitesse de l'eau dans ce canal, et plus elle a d'action sur les parois, si elles sont susceptibles d'être attaquées. Mais cet accroissement de vitesse ne peut avoir lieu que parce que le niveau des eaux s'élève en amont, et dans la localité qui nous occupe, cet exhaussement serait impossible, puisque le dessus du barrage-déversoir ne serait placé qu'au niveau des pleines mers de vive-eau moyenne.

Pour augmenter sensiblement la vitesse d'un courant de chasse alimenté par un bras de la Seine, il faudrait établir le dessus du barrage beaucoup plus haut que ne le propose M. Pattu, et alors on s'exposerait à inonder les rives de ce fleuve, lors des grandes crues.

qu'on pourrait, peut-être, se le procurer sans recourir à un moyen aussi dispendieux et aussi dangereux, il est évident qu'il ne l'est pas assez pour que l'on se détermine à construire une nouvelle passe qui, nous le répétons, ne procurerait aucune facilité de plus pour l'entrée et la sortie des navires, et qui coûterait des sommes immenses.

Mais admettons, si l'on veut, que l'approfondissement du chenal fût plus considérable que nous ne le pensons, qu'en résulterait-il?

Les galets et les alluvions repoussés au-delà de la laisse de basse mer par l'action des chasses, y formeraient bientôt un bourlet ou poulier; mais comme la vitesse du courant de flot, qui concourt maintenant à détruire ce bourlet, seroit extrêmement diminuée par suite de la construction du barrage, il atteindrait promptement des dimensions considérables et formerait un nouveau *Hoc, un sillon* semblable à ceux dont nous avons parlé, qui barrerait l'entrée du port, et qu'aucun navire n'oserait jamais franchir à marée basse; enfin ce poulier deviendrait, pour la petite rade et pour l'entrée du port, un écueil d'autant plus dangereux que son accroissement successif vers le large, contribuerait encore à exhausser le fond de la première, en servant de point d'appui aux alluvions amenées par le peu de courant qui existerait encore, et surtout par l'effet des vents régnans.

Cet approfondissement du chenal ne servirait donc à rien, et les considérations que nous venons de développer sont, nous le répétons également, une des objections les plus fortes que l'on puisse faire contre la construction du barrage déversoir-maritime.

CHAPITRE VII.

Des moyens d'exécution proposés par M. Pattu pour la construction du barrage-déversoir et de l'évaluation des dépenses.

Il nous reste maintenant à examiner si les moyens que M. Pattu se propose d'employer pour la construction du Barrage-déversoir et du brise-lame qui doit le protéger contre l'effort des tempêtes, présenteraient aussi peu de chances d'avaries que cet ingénieur paraît le croire, et si les dépenses ne s'éleveraient pas au-delà de ses prévisions.

C'est dans le N° 1er des notes qui terminent le mémoire de cet ingénieur que se trouvent les développemens que comporte cette partie importante de son projet. Un croquis nous a paru indispensable pour les bien comprendre, et nous allons essayer de donner ici une idée de la marche et des procédés d'exécution que l'on se propose d'adopter.

Le Brise-lame AB, figure 1re, dont les principales dimensions ont été indiquées dans le chapitre 3 serait le premier ouvrage que l'on exécuterait : il serait construit en pierres perdues revêtues d'une couche de gros blocs, à l'instar des digues de Cherbourg et de Plymouth.

L'effet de cet ouvrage, dont le but est de protéger le barrage contre l'action des lames venant du large pendant et après sa construction, serait d'abord de reporter les courans de la mer montante et du jusant vers les rives du fleuve, et de former en amont et en aval des atterrissemens *A*, *b*, *c'*, *d*, *e*, *f*, *g*, *B*; *A*, *b'*, *g'*, *B*, dont l'exhaussement rapide laisserait bientôt cette partie de la rivière à sec à marée basse. (1)

C'est alors que l'on commencerait la construction du barrage, en suivant la marche que nous allons indiquer :

On formerait, en partant de la laisse des plus hautes marées, deux levées ou sortes d'Epis *CD*, *GH*, dont le sommet serait élevé d'un demi-mètre au-dessus de ce niveau, et que l'on exécuterait avec des terres graveleuses prises dans les montagnes voisines, en poussant ces levées devant soi sur toute la hauteur qui vient de leur être assignée, tant qu'elles n'éprouveraient aucun dommage de la part des courans; c'est-à-dire jusque vers les limites *hi*, *ml* de ces courans. On s'arrêterait à ce point, et leur tête serait fortifiée contre l'action des eaux, par un enrochement de gros blocs.

On préparerait ensuite en *EF* un nouveau lit au fleuve dans toute la largeur du banc produit en amont par le brise-lame, dont on rendrait le fond inattaquable, en formant une plate-forme en libage, semblable à celle que l'on construit en avant des écluses, laquelle aurait cent mètres de largeur sur cinq mille mètres de longueur. Le dessus de cette plate-forme serait établi au niveau des basses marées ordinaires (un demi-mètre au-dessus du radier de l'écluse d'Honfleur), et ses extrémités seraient consolidées, comme celles des levées, au moyen de gros blocs. Les espaces *DE*, *FG*, laissés entièrement libres pour le passage des courans, auraient chacun 500 mètres de largeur.

Avant de poser les libages sur l'axe de la digue, on battrait une file

---

(1) M. Pattu estime qu'il ne faudrait que six mois pour que l'atterrissement en amont s'étendît beaucoup au-delà de l'emplacement du barrage.

de palplanches jointives (voyez fig. 2), dont la tête serait affleurée avec le dessus de la plate-forme, et fortement embrassée par deux cours de liernes. Le long de ces palplanches, et en amont, on battrait des pieux de o m. 30 d'équarissage, qui seraient espacés de 3 mètres, auraient 3 m. 50 de fiche et s'éleveraient de 2 m. 87 au-dessus de la tête des palplanches; enfin, l'on assemblerait avec ces pieux, et toujours du côté d'amont, des poteaux qui s'éleveraient jusqu'au sommet projeté du barrage. Ces pieux et ces poteaux porteraient, sur chacun de leurs côtés, une rainure de o m. 03 de largeur, destinée à recevoir les extrémités d'une suite de madriers jointifs et horizontaux qui ne seraient placés qu'ultérieurement.

Ces premiers travaux terminés, on s'occuperait de barrer les deux passages *DE*, *FG*. On y emploierait des pierres ordinaires provenant des carrières ouvertes le long de la Seine; et l'expérience de ce qui a eu lieu au barrage du Petit-Vey, fait penser à M. Pattu, qu'en profitant des mortes-eaux et de l'étiage, les courans n'auraient point assez de force pour déranger ces matériaux. Enfin, ces parties de la digue seraient rendues étanches en faisant descendre des terres graveleuses le long de leurs talus, lesquelles étant poussées par les courans dans les vides des massifs les rempliraient entièrement.

C'est alors que l'on entreprendrait la fermeture du grand passage. Les eaux n'auraient plus d'autre issue, mais son immense largeur donne lieu de penser que les courans n'y auraient qu'une vitesse ordinaire. Cette opération se ferait d'ailleurs en plaçant simultanément un cours de madriers horizontaux ou *tampes* dans les rainures pratiquées à cet effet dans la ligne de pieux dont nous avons indiqué ci-dessus l'établissement. Ces madriers retiendraient les eaux de la rivière, lors de la basse mer, à une hauteur de 0,25 au-dessus du niveau de la plate-forme; mais cette hauteur n'empêcherait pas de les consolider sur-le-champ, de chaque côté, par des blocs dont les interstices seraient remplis avec de la maçonnerie de pierraille et de chaux hydraulique; enfin, le premier cours de *tampes* une fois bien consolidé, on répèterait la même opération pour un second, et l'on arriverait ainsi successivement jusqu'au sommet du barrage.

Les observations que nous avons à faire sur l'ensemble de ces travaux, porteront d'abord sur la construction du brise-lame. Cet ouvrage serait sans doute dans une position plus favorable que la digue de Cherbourg, sous le rapport des chances d'avaries; mais, pour tirer de la comparaison faite avec cette digue, l'induction que la construction de l'autre réussirait complètement en y procédant de la même manière, il faudrait que la première fût entièrement terminée, ou il faudrait au moins que l'expérience des parties déjà faites ne laissât aucun doute sur le succès des moyens employés, ce qui est loin d'avoir lieu.

Les enrochemens de la portion de la digue de Cherbourg, que l'on a élevée au-dessus des hautes mers, sont constamment attaqués par la mer, et le seront toujours toutes les fois que les lames auront assez de force pour soulever les blocs qui les composent.

L'espérance que l'on avait conçue, d'après ce qui s'est passé à la digue d'expérience construite en 1784, que le revêtement extérieur des nouveaux enrochemens, ne serait plus attaqué par l'effet des tempêtes lorsque l'action des lames serait parvenue à lui donner une figure semblable à celle qu'affectent les talus de cette digue (1), ne s'est point réalisée. Et c'est ici le cas de faire remarquer combien les ingénieurs doivent être en garde contre les inductions qu'ils sont dans le cas de tirer d'observations très exactes d'ailleurs, pour peu que les localités ou les circonstances dans lesquelles ces observations ont été faites, diffèrent de celles où ils veulent appliquer ces inductions.

Le dessus de la digue d'expérience dont nous venons de parler, avait été, dans le principe, élevé à 4 ou 5 mètres au-dessus du niveau des basses mers; l'action des lames a successivement diminué cette hauteur; ce

(1) Voir le Mémoire sur la digue de Cherbourg publié en 1820, par M. le baron Cachin, inspecteur-général des ponts-et-chaussées.

n'est que depuis qu'elle ne dépasse plus sensiblement le niveau indiqué ci-dessus, que cette digue n'est plus attaquée, et l'expérience prouve maintenant que, quelle que soit la figure du profil transversal des enrochemens exécutés sur la digue de Cherbourg, ils ne seront jamais à l'abri des effets désastreux des tempêtes, lorsqu'on cherchera à les élever beaucoup au-dessus des basses mers, et tant que les matériaux qui les composeront, seront susceptibles d'être soulevés et mis en suspension dans la masse fluide qui les environne par l'action des lames.

A l'époque où feu M. le baron Cachin publia son mémoire sur les travaux de la digue de Cherbourg (1820), l'action des flots était parvenue à donner aux enrochemens de la batterie centrale, la figure que ce célèbre ingénieur leur avait assignée pour être à l'abri de nouveaux changemens, et cependant, peu d'années après, ces enrochemens éprouvèrent encore des avaries tellement considérables, que le gouvernement se décida à faire construire un mur de revêtement en maçonnerie pour garantir cet établissement contre les efforts de la mer. Ce moyen est effectivement le seul qui puisse y résister, dans cette localité, et probablement le seul que l'on pourra employer si l'on veut un jour élever toute la digue à la hauteur à laquelle elle a été projetée. (1)

Les inductions que M. Pattu tire de la construction du Breackwater de Plymouth, ne sont pas mieux fondées, puisque cet ouvrage éprouve

(1) Nous regrettons que le but principal du présent mémoire et les limites dans lesquelles nous devons naturellement nous renfermer, ne nous permettent pas d'entrer dans de plus grands détails sur cette importante question. L'exemple des digues de la Hollande, et les considérations développées dans le mémoire de Lamblardie sur les côtes de la Haute-Normandie, relativement à la figure que la mer tend à donner aux plages de galet, ont conduit quelques ingénieurs à penser que le meilleur moyen de résister à l'effort des vagues, était de leur opposer des talus extrêmement inclinés, tandis que la théorie démontre le contraire, et se trouve en cela d'accord avec l'expérience.

fréquemment de grandes avaries, bien qu'il soit cependant entièrement terminé et situé dans une localité qui est plus à l'abri de la majeure partie des vents dangereux qui soufflent dans la Manche, que l'embouchure de la Seine.

Enfin, si l'on considère que les cent toises courantes d'enrochement qui forment la partie centrale de la digue de Cherbourg, ont coûté plus du quintuple de leur évaluation primitive (1), et que, d'après les données qui se trouvent dans le mémoire de M. le baron Cachin, on peut déjà évaluer les dépenses de la digue entière à plus du double de ce qu'elles avaient été estimées dans l'origine, on conclura naturellement des observations ci-dessus, que la construction du Brise-lame de M. Pattu présenterait des chances de non-succès plus considérables que cet ingénieur ne paraît le croire, et que sa dépense s'élèverait à des sommes plus fortes que celles qui résultent de ses prévisions.

Quant à la construction du barrage, nous laissons aux ingénieurs plus expérimentés que nous, à juger si les moyens qui ont été décrits plus haut, doivent inspirer le degré de confiance que réclame une entreprise aussi importante. Nous nous bornerons à rappeler à cet égard, le § 17 du troisième mémoire de Lamblardie, que nous avons cité dans le chapitre Ier, et à faire remarquer :

1° Qu'en admettant même que l'on eût réussi à construire les épis, la plate-forme en libage et les ouvrages accessoires dont nous avons

---

(1) D'après les états de situation déposés au ministère de la marine, la dépense de la partie centrale de la digue de Cherbourg, s'élève, y compris les travaux défensifs et la fondation de la tour casematée, à 7,625,231 fr. En admettant que la fondation de la tour et les travaux défensifs exécutés d'une manière provisoire aient coûté 2,500,000 francs, hypothèse qui est certainement exagérée, il resterait encore 5,000,000 de fr. pour la dépense des enrochemens, ce qui est, ainsi que nous l'avons dit ci-dessus, le quintuple de l'évaluation primitive de cette espèce d'ouvrage.

parlé, il s'établirait nécessairement des cascades à l'amont et à l'aval du barrage quand la mer monterait ou descendrait, lors de la fermeture définitive du grand passage EF; lesquelles cascades, quelque faibles qu'on les suppose, produiraient néanmoins des affouillemens K, M, dans le banc de nouvelle création sur lequel la plate-forme en libage aurait été établie, qui entraîneraient nécessairement la ruine d'une grande partie des travaux.

2° Que nous sommes loin de penser que des affouillemens plus considérables encore n'eussent pas lieu lors de l'exécution des travaux préparatoires; et que les courans de flot et de jusant qui se font sentir dans l'embouchure de la Seine pussent être changés de direction, modifiés dans leur régime et pliés en quelque sorte aux volontés de l'ingénieur, avec la même facilité que s'il ne s'agissait que d'un cours d'eau ordinaire.

En résumé, les moyens d'exécution développés dans le mémoire de M. Pattu relativement à la construction du Brise-lame et du Barrage-déversoir, nous donnent lieu de croire que l'on serait forcé de recourir à des procédés beaucoup plus coûteux que ceux indiqués; et qu'il est impossible à l'ingénieur le plus expérimenté de déterminer à l'avance, même d'une manière approximative, la dépense que ces travaux occasioneraient.

L'art de l'ingénieur poussé à un si haut point de nos jours, les grandes ressources pécuniaires qu'offre une association de capitalistes peuvent, sans contredit, donner les moyens de surmonter les difficultés que les considérations développées ci-dessus font entrevoir dans la construction de ce grand ouvrage; mais par cela même que, dans ce cas, les dépenses devraient être compensées par les bénéfices qu'on retirerait des établissemens créés, il ne faut rien laisser d'hypothétique dans leur évaluation, et il y aurait imprévoyance de la part du gouvernement à en autoriser l'exécution, et imprudence de la part des concessionnaires à l'entreprendre, tant qu'il pourra exister entre ces évaluations et la dépense réelle des différences de plusieurs millions. (1)

(1) M. Pattu évalue la dépense de son projet à 38,160,270 fr. 48 c.; savoir :

1° Enrochemens du barrage.	12,659,048 fr.	72 c.
2° Travaux de charpente	1,000,000	»
3° Enrochemens du brise-lame	19,501,221	76
4° Ecluses, achèvement du canal de Vauban, et autres ouvrages d'art	5,000,000	»
TOTAL PAREIL	38,160,270 fr.	48 c.

Nous croyons pouvoir sans beaucoup d'inconvénient négliger les centimes et les centaines de francs dans les sommes ci-dessus. Mais en appliquant à celle qui représente la dépense du brise-lame, les rectifications qui résultent de ce que nous avons dit relativement aux évaluations de la digue de Cherbourg, on voit que cette partie de la dépense pourrait être doublée, même en admettant le rapport le plus favorable.

Ainsi lors même que les évaluations du barrage et des ouvrages d'art accessoires ne seraient pas trop faibles, ce que nous sommes très loin de croire, la seule construction du brise-lame pourrait occasioner une augmentation de 19,501,000 francs, et porter la dépense totale à 57,661,000 francs.

RÉSUMÉ ET CONCLUSION.

Nous terminons ce mémoire par le résumé des principaux objets traités dans les sept chapitres précédens.

Le premier a été consacré à l'exposition des divers phénomènes que l'on observe à l'embouchure de la Seine, et à faire connaître ce que Lamblardie a écrit de plus important sur cette matière, dans les mémoires qu'il a rédigés de 1784 à 1791, soit sur le port du Hâvre, soit sur les côtes de la Haute-Normandie, et le projet du canal de Villequier.

Dans le deuxième chapitre nous avons donné un extrait de l'opinion de M. Pattu relativement aux mêmes phénomènes, et indiqué les faits sur lesquels repose la théorie que cet ingénieur croit devoir substituer à celle de Lamblardie.

La description de son projet de barrage-déversoir et l'énumération des avantages qui résulteraient, selon M. Pattu, de la construction de cet ouvrage ont fait ensuite l'objet du troisième chapitre.

Le quatrième chapitre a été consacré à l'examen comparatif des faits et des théories développées dans les chapitres précédens.

L'explication du phénomène des marées donnée par M. Pattu, renverse toutes les idées reçues jusqu'à présent sur le régime des courans dans la baie de Seine. Elle repose sur deux faits qui, dans l'opinion de cet ingénieur, font tomber d'elle-même la théorie que Lamblardie avait déduite de ses observations, et toutes les conséquences qu'il en en avait tirées.

Ces faits sont :

1° Qu'il existe dans le prolongement de l'embouchure de la Seine un grand canal sous-marin, qui va rejoindre celui qui doit exister dans la Manche, canal qui, selon M. Pattu, doit être naturellement le chemin que suit le courant principal de la marée montante.

2° Que le niveau de la pleine mer s'élève moins vers le milieu de la baie de Seine que sur les bords, et que, par conséquent, il ne doit pas exister de dénivellation des eaux de la mer du large, vers le fond de cette baie.

Nous nous sommes, en conséquence, attachés à rechercher quelles pouvaient être les conséquences de ces deux faits relativement à ceux observés par Lamblardie, et nous avons d'abord démontré, qu'en admettant même l'existence d'un canal sous-marin, existence qui ne nous paraît pas d'ailleurs suffisamment prouvée par les observations citées dans le mémoire de M. Pattu, ce canal ne pourrait avoir aucune influence sur le régime des courans de flots. Nous nous sommes appuyés pour confirmer notre opinion à cet égard, sur les faits observés aux embouchures de diverses rivières qui se jettent à la mer sur les côtes de Bretagne, et sur ce qu'a dit M. le baron Cachin, dans son Mémoire sur la digue de Cherbourg, relativement au régime des courans dans cette baie, lorsqu'elle était encore à l'état de rade foraine.

Passant ensuite à l'examen du second fait cité par M. Pattu, nous avons démontré qu'il ne devait pas plus que le premier, modifier la théorie de Lamblardie, sur le régime des courans dans la baie de Seine.

Cette théorie repose à la vérité sur la supposition que le niveau des eaux de la mer au large est plus élevé que dans les baies. Mais en nous reportant à la théorie générale des marées, donnée par M. le marquis de la Place, aux observations publiées par M. de Brémontier, dans son Mémoire sur le mouvement des ondes ; et à divers faits que nous avons cités à l'appui de notre opinion ; nous avons fait remarquer qu'il fallait considérer deux effets bien distincts dans le phénomène des marées :

L'un résultant de l'ondulation primitive produite par l'attraction des astres, laquelle éprouve de grandes modifications par suite des obstacles que la configuration des côtes et la résistance du fond de la mer à leurs abords, opposent à la transmission des ondes ;

L'autre résultant aussi des obstacles qu'éprouve la marche du flot, par les causes ci-dessus ; lesquelles déterminent les courans de marée dont le régime est entièrement indépendant du premier effet considéré dans le paragraphe précédent.

Enfin nous avons conclu de ces principes, que l'opinion émise par M. Pattu, relativement au phénomène des marées dans la baie de Seine ne pouvait être admise ; et que les observations et la théorie de Lamblardie, qui ne se rapportent d'ailleurs qu'au second effet qu'il faut considérer dans ce phénomène, devoient être exactes, puisqu'elles sont conformes aux lois de la nature, bien que le plein de la mer au Hâvre atteigne une plus grande hauteur que dans le milieu de la baie.

Nous avons encore examiné dans ce chapitre les opinions respectives de Lamblardie et de M. Pattu sur la marche des alluvions, et cet examen nous a conduit à cette conclusion importante : Que la majeure partie des alluvions qui encombrent le lit de la Seine à son embouchure, y sont apportées par suite de l'action des vents régnans sur la direction des vagues et des courans, ainsi que le premier de ces ingénieurs l'avait avancé dans les divers Mémoires que nous avons cités dans le chapitre Ier.

Nous avons enfin reconnu que l'explication que Lamblardie a donnée de la propriété qu'ont le port du Hâvre et plusieurs points de la baie de garder leur plein pendant un temps plus ou moins considérable, était beaucoup plus satisfaisante que celle de M. Pattu, et qu'elle était en définitive celle qu'il convenait d'adopter jusqu'à ce que de nouvelles observations nous aient éclairé sur une question qui se rattache à trop de circonstances spéciales, pour qu'on en ait trouvé jusqu'à présent une solution qui ne laisse rien à desirer.

Ces principes établis, nous les avons appliqués à la recherche des effets que produirait la construction du barrage-déversoir sur le régime des marées, la marche des alluvions et la tenue du plein de la mer au Hâvre.

Cette recherche a fait l'objet du cinquième chapitre dans lequel nous avons démontré :

1° Que le barrage déterminerait une augmentation fort importante dans la hauteur des marées au fond de la baie, augmentation qui occasionerait l'inondation de la ville du Hâvre et d'une grande quantité de terreins environnans.

2° Que cet ouvrage n'aurait pas sur la direction des courans de flot l'influence que M. Pattu lui attribue, et que ceux-ci ne pourraient jamais avoir la direction qu'il leur assigne dans son Mémoire.

3° Que la vitesse de ces courans ainsi que celle des courans de jusant, étant considérablement diminuée, rien ne s'opposerait alors à l'exhaussement des dépôts d'alluvions qui se forment journellement dans l'embouchure de la Seine; et que ceux-ci finiraient par encombrer totalement cette baie, et occasioneraient successivement la perte des rades qui s'y trouvent, celle du port d'Honfleur et même celle du port du Hâvre!

4° Que l'effet des pertuis pratiqués aux extrémités du barrage et celui du déversement des eaux pardessus son arrête supérieur, sur lequel M. Pattu compte pour prévenir ces désastres, devaient être considérés comme nuls.

5° Que la construction du barrage influerait aussi, très probablement, sur l'importante propriété dont jouit le port du Hâvre de garder son plein pendant environ deux heures, en diminuant considérablement la durée de ce plein, si même il ne la réduisait à zéro.

Nous avons d'ailleurs appelé l'expérience à notre secours, pour confirmer ces assertions; et nous avons cité, relativement à la première, ce qui avait eu lieu à Boulogne-sur-mer et dans le Morbihan;

et, relativement à la seconde, ce qui se passe tous les jours dans un grand nombre de rivières et de baies situées sur la côte de Bretagne.

Le sixième chapitre a été consacré à l'examen du projet d'ouvrir une nouvelle passe pour le port du Hâvre, entre cette ville et le coteau d'Ingouville, en faisant contourner la première par le canal de Vauban, qui, lui-même serait mis en communication avec le vaste bassin formé dans la Seine par la construction du barrage.

Après avoir démontré que cette nouvelle passe n'offrirait pas plus d'avantages que celle actuelle, sous le rapport de sa direction, nous avons fait remarquer qu'elle exigerait la construction d'ouvrages accessoires très importans et que ce ne serait pas *sans des dépenses considérables* qu'on parviendrait à l'établir d'une manière convenable.

Nous avons également démontré qu'elle ne serait pas plus avantageuse que celle qui existe, sous le rapport de la profondeur, puisqu'il serait toujours possible, et avec beaucoup moins de dépense, d'employer au creusement de celle-ci, les ressources dont on pourrait disposer pour la première.

A cet égard, nous avons cru devoir entrer dans quelques développemens sur les résultats que l'on obtiendrait en employant les eaux du réservoir formé dans la Seine pour faire des chasses, soit dans la passe projetée, soit dans la passe actuelle du Hâvre, et nous croyons avoir prouvé, d'après ce qui a lieu au port de Dieppe, que ces résultats seraient loin d'être aussi satisfaisans que M. Pattu paraît le croire, et qu'on ne parviendrait jamais à donner à ces passes une profondeur suffisante pour que les navires puissent y entrer à marée basse.

Ces considérations nous ont conduit à dire un mot de ce que deviendraient les matières enlevées par le courant des écluses de chasse du Hâvre, lorsque le barrage serait établi, et nous avons fait remarquer qu'elles formeraient à l'entrée du port un immense poulier, d'autant plus dangereux pour son entrée et pour la petite rade, qu'aucune cause naturelle ne pourrait alors le détruire, ce qui nous a fourni un nouvel argument contre la construction de ce grand ouvrage.

Nous avons enfin consacré le septième chapitre à l'examen des moyens d'exécution proposés par M. Pattu, et, sans trop insister sur les difficultés et les chances de non-succès qu'ils nous semblaient présenter, nous nous sommes borné à faire remarquer qu'en établissant, comme l'a fait cet ingénieur, le parallèle de ces moyens d'exécution avec ceux employés pour la digue de Cherbourg, il fallait aussi comparer ces deux ouvrages sous le rapport de l'évaluation des dépenses, comparaison qui nous a conduit à reconnaître que la construction du brise-lame, par exemple, coûterait probablement le double de l'estimation présentée par M. Pattu; et qu'en général, la dépense des travaux de cette nature ne pouvait jamais être évaluée, à l'avance, d'une manière assez exacte pour qu'ils puissent être l'objet d'une concession ordinaire de la part du Gouvernement.

En faisant cette dernière observation, qui peut, d'ailleurs, s'appliquer à la majeure partie des ouvrages construits à la mer, nous ne connaissions pas un petit écrit qui a paru sous le titre de « *Réponse des soumissionnaires du canal maritime de Paris au Hâvre, au mémoire de M. Charles Bérigny*.

Le ton de cet écrit nous donne lieu de croire que de grandes susceptibilités sont mises en jeu toutes les fois qu'on traite des questions relatives au canal maritime. Il serait sans doute de nature à nous inspirer une juste répugnance à publier nos observations, si nous n'étions mus par un sentiment plus puissant que la crainte d'être en butte à la critique de son rédacteur; mais nous pensons que de semblables considérations ne doivent point arrêter lorsqu'il s'agit de questions aussi importantes que celles que nous avons traitées.

D'ailleurs, en combattant le projet de barrage-déversoir, et en appelant l'attention du Gouvernement et même celle de MM. les soumissionnaires du canal maritime, sur un sujet qui ne nous paraît pas avoir été suffisamment approfondi, nous croyons rendre service à tous les intéressés ; car on ne peut disconvenir, d'une part, que le plus sûr moyen de propager en France cet esprit d'association, qui, grâces aux soins de l'administration des ponts-et-chaussées, quoi qu'on en puisse dire, y a fait déjà de si grands progrès, est de s'opposer à ce qu'il s'en forme de ruineuses pour les actionnaires ; et que, d'un autre côté, il ne s'agit pas seulement ici d'une opération dont la non-réussite pourrait entraîner la ruine de ceux qui l'auraient entreprise ; mais, ainsi que nous l'avons dit au commencement de ce mémoire, d'un projet dont l'exécution, qu'elle réussisse ou ne réussisse pas, peut occasioner la perte de la navigation de la Seine, celle des rades que présente son embouchure, et celle des deux ports qui s'y trouvent, dont l'un, celui du Hâvre, est le plus important que le commerce maritime de la France possède dans la Manche.

Nous pensons, avec M. de Bérigny et la majeure partie des ingénieurs qui se sont occupés de la navigation de la Seine, que le meilleur moyen de faire arriver les grands navires jusqu'à Rouen serait de recourir à la construction d'un canal latéral, qui leur ferait franchir les dangers auxquels ils sont exposés depuis Villequiers jusqu'à l'embouchure de cette rivière.

Nous pensons aussi que les dépenses de ce canal, bien qu'elles dussent s'élever, d'après M. Bérigny, à 65 millions de francs, y compris celles de la coupure projetée à Yainville, ne seraient pas aussi considérables que celles du barrage-déversoir maritime, et que dussent-elles égaler celles-ci, on serait, au moins, certain du succès, et surtout de ne pouvoir nuire en rien à l'état de chose actuel.

On pourrait sans doute faire toute autre hypothèse que celle à laquelle on s'est arrêté, jusqu'à présent, sur la position du barrage-déversoir ; et supposer, par exemple, qu'il serait établi beaucoup au-dessus d'Honfleur, de manière à se servir d'un canal latéral dans toutes les parties où sa construction serait facile, et à éviter les difficultés que celle-ci présenterait entre Tancarville et Villequiers. Ce projet paraît, en effet, plus satisfaisant au premier coup-d'œil ; mais, pour en prévoir toutes les conséquences, et se prononcer définitivement à son égard, il faudrait pouvoir l'étudier dans tous ses détails. Nous nous bornerons à faire observer ici que ce ne serait peut-être que reculer à un temps, à la vérité, plus éloigné, les inconvéniens que nous avons signalés dans le projet de M. Pattu, et nous nous reposerons sur la sagesse du monarque qui nous gouverne, et dont la sollicitude pour la prospérité de la France, s'étend sur l'avenir autant qu'elle veille sur le présent, pour juger si cette entreprise serait plus admissible que la première.

IMPRIMÉ CHEZ PAUL RENOUARD, RUE GARENCIÈRE, N° 5. F. S.-G.

Côté de la rivière

Niveau des hautes mers

Niveau des hautes mers

Profil des atterrissemens

Profil des bancs de sable et graviers avant la

h

A

b'

c'

1ère

Côté de la Mer.

nètres

Nta. les flèches indiquent la direction des Courans de flot et de jusant après la Construction du brise-lame.

B

Rivage

…linaire

…muaire des longitudes

…onstruction du brise-lame

…Niveau des basses mers

…u brise-lame

Croquis, des dispositions Générales du barrage et du brise lame projetés par Mr Pattu, et d'une Coupe tranversale supposée faite sur le milieu du barrage

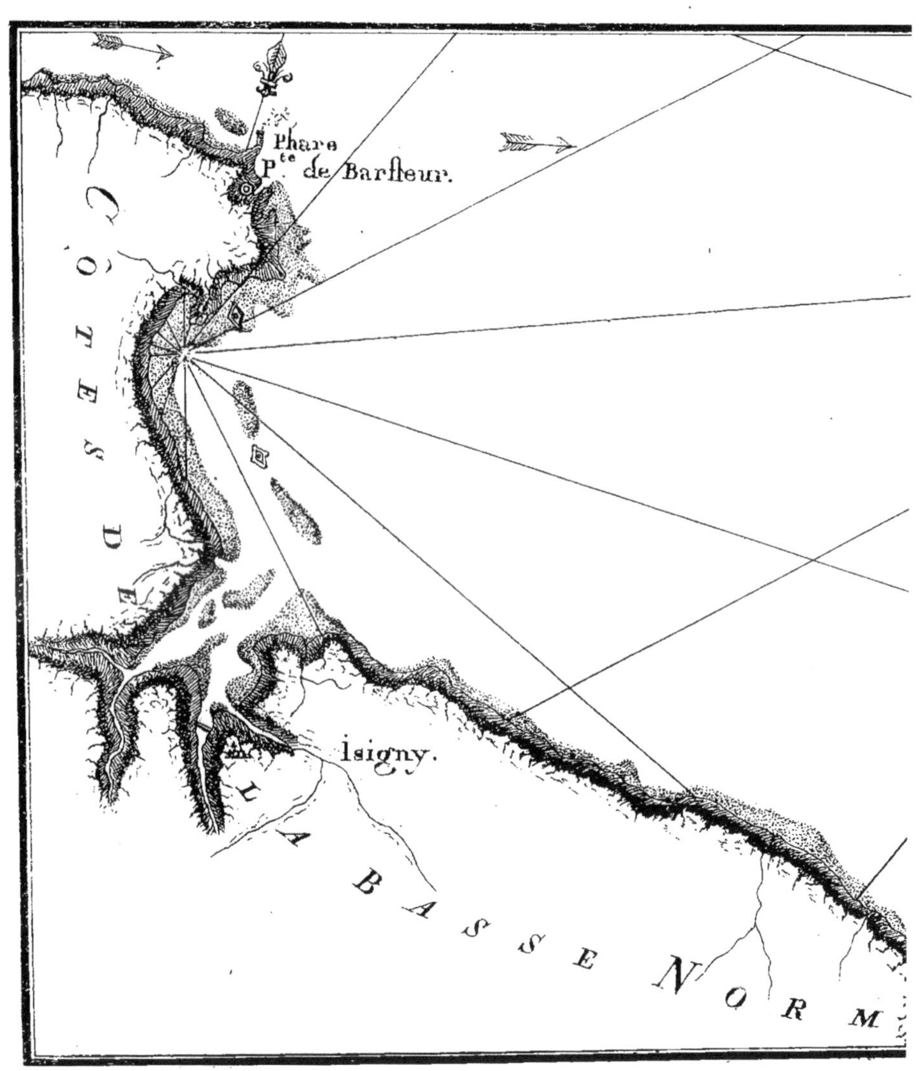
Phare
Pte de Barfleur.
CÔTES DE LA BASSE NORM
Isigny.

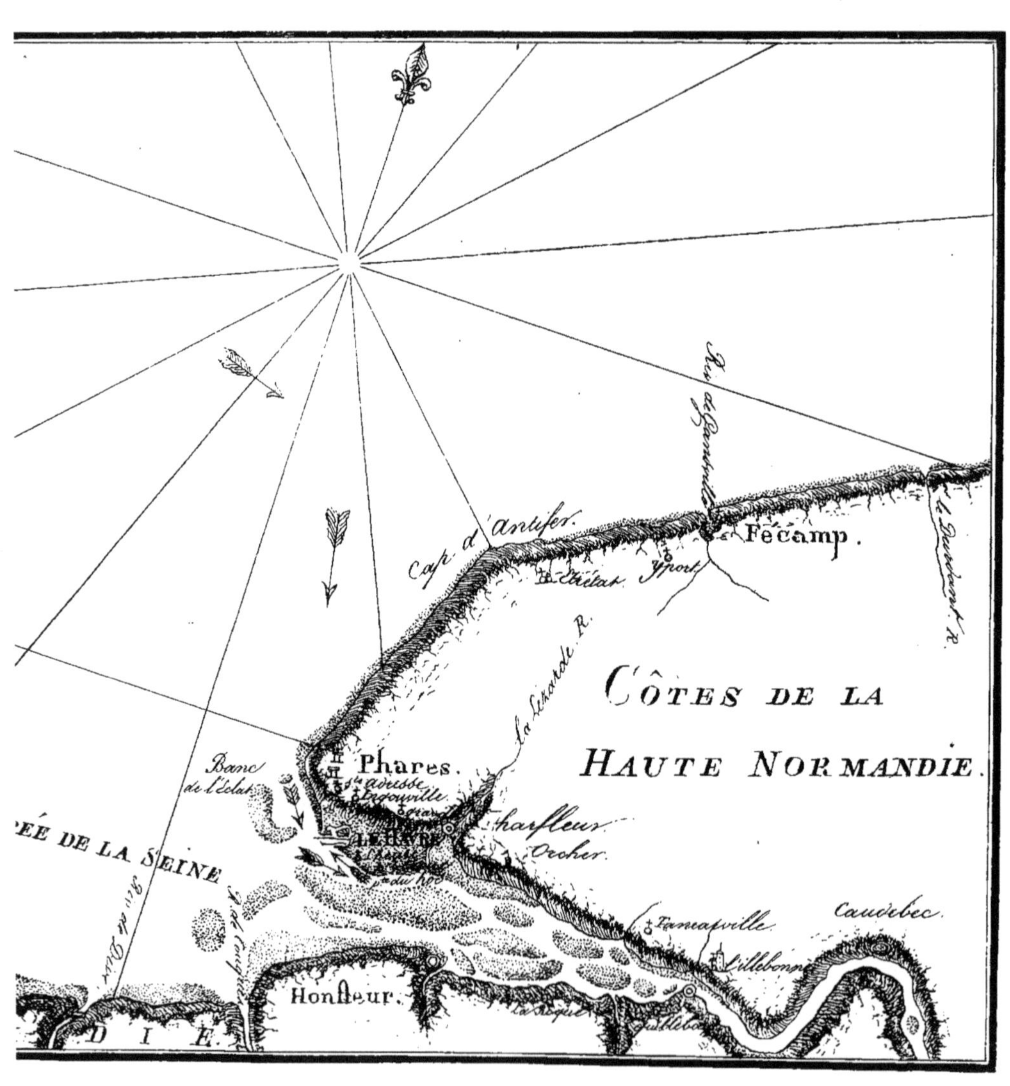
CÔTES DE LA
HAUTE NORMANDIE.
Fécamp.
Cap d'Antifer.
Phares.
LE HAVRE
Honfleur.
Caudebec.
Orcher.
Tancarville
Lillebonne
Ingouville
Banc de l'Eclat
ÉE DE LA SEINE
Yport
D I E

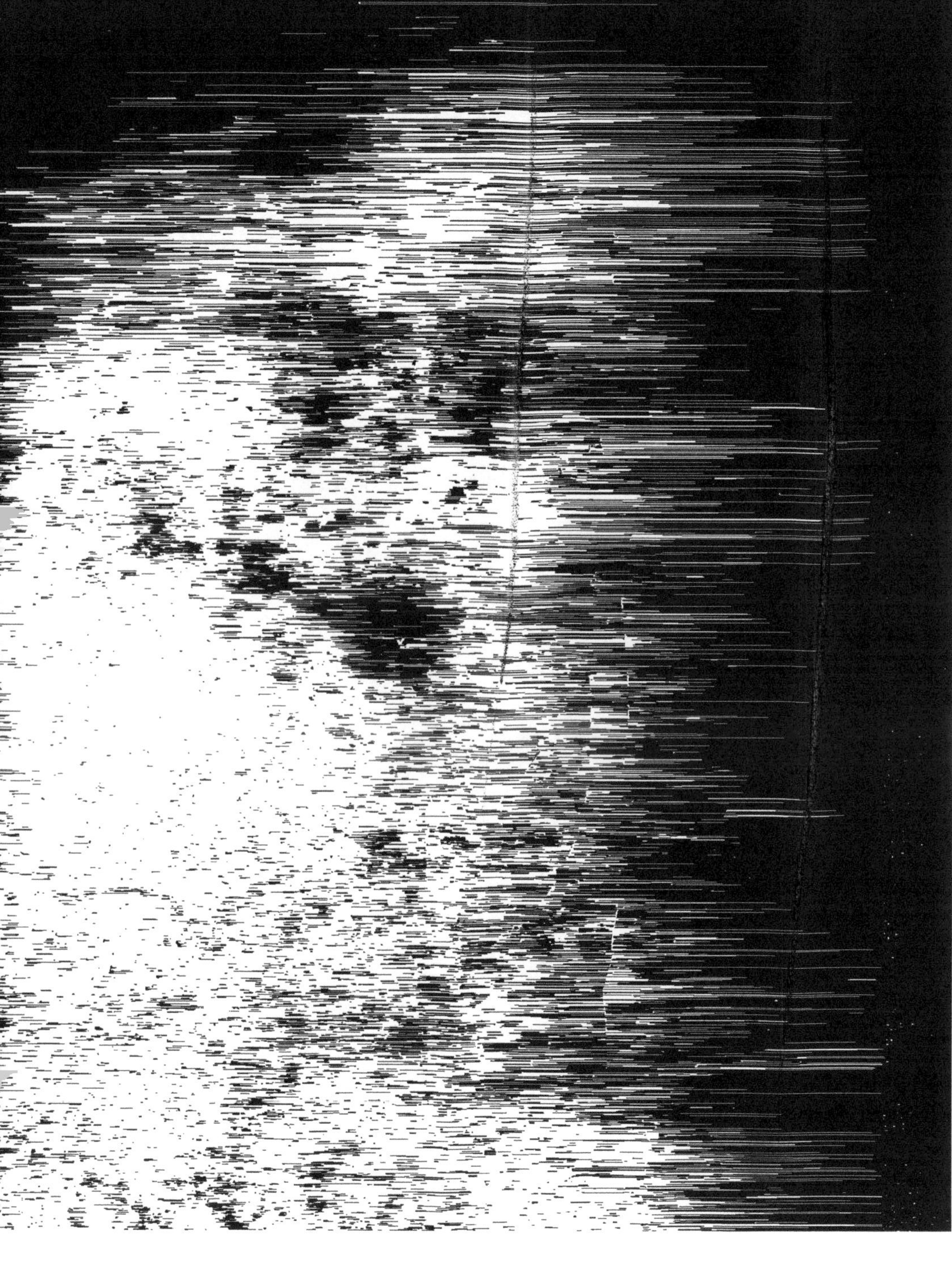

www.ingramcontent.com/pod-product-compliance
Ingram Content Group UK Ltd.
Pitfield, Milton Keynes, MK11 3LW, UK
UKHW020328250726
13967UKWH00004B/1912

9 782012 879867